África
Terra, Sociedades e Conflitos

Nelson Bacic Olic
Graduado e licenciado em Geografia pela Universidade de São Paulo.
Autor de livros didáticos e paradidáticos.
Um dos editores do jornal *Mundo – Geografia e Política Internacional*.
Professor convidado junto à Universidade Aberta à Maturidade (PUC-SP).

Beatriz Canepa
Graduada em Jornalismo pela PUC-SP e Ciências Sociais pela USP.
Mestre em Relações Internacionais pela *New School University*, Nova York.

2ª edição
São Paulo, 2012

© NELSON BACIC OLIC, 2012
© BEATRIZ CANEPA, 2012

COORDENAÇÃO EDITORIAL Lisabeth Bansi
ASSISTÊNCIA EDITORIAL Paula Coelho
PREPARAÇÃO DE TEXTO José Carlos de Castro
COORDENAÇÃO DE PRODUÇÃO GRÁFICA Dalva Fumiko N. Muramatsu
COORDENAÇÃO DE EDIÇÃO DE ARTE Camila Fiorenza
DIAGRAMAÇÃO Nelson Takashi Tanaka, Cristina Uetake
CAPA/GRÁFICOS Glauco Diógenes
COORDENAÇÃO DE REVISÃO Elaine Cristina del Nero
REVISÃO José Alexandre da Silva Neto
PESQUISA ICONOGRÁFICA Carol Böck
CARTOGRAFIA Anderson de Andrade Pimentel, Fernando José Ferreira
PRÉ-IMPRESSÃO Alexandre Petreca, Everton L. de Oliveira Silva,
Hélio P. de Souza Filho, Marcio H. Kamoto
COORDENAÇÃO DE PRODUÇÃO INDUSTRIAL Wilson Aparecido Troque
IMPRESSÃO E ACABAMENTO Gráfica Cipola
LOTE 277436

Foto de capa: As cores vermelha, amarela e verde são consideradas cores pan-africanas. A vermelha representa poder e fé; a amarela, paz, saúde e amor; e a verde, esperança.

Dados Internacionais de Catalogação na Publicação (CIP)
(Câmara Brasileira do Livro, SP, Brasil)

Olic, Nelson Bacic
 África : Terra, sociedades e conflitos / Nelson Bacic Olic, Beatriz Canepa. – 2. ed. – São Paulo : Moderna, 2012. – (Coleção polêmica)

 ISBN 978-85-16-07774-7

 Bibliografia.

 1. África – Condições econômicas 2. África – Condições sociais 3. África – Geografia 4. África – História 5. África – População 6. Conflito social – África I. Canepa, Beatriz. II. Título. III. Série.

12-03875   CDD-916

Índices para catálogo sistemático:
1. Geopolítica : Relações internacionais :
    Ciência política   327.101
2. Relações de poder : Relações internacionais :
    Ciência política   327.101

Reprodução proibida. Art.184 do Código Penal e Lei 9.610 de 19 de fevereiro de 1998.

Todos os direitos reservados

Editora Moderna Ltda.
Rua Padre Adelino, 758 - Belenzinho
São Paulo - SP - Brasil - CEP 03303-904
Vendas e Atendimento: Tel. (0__ __11) 2790-1300
Fax (0__ __11) 2790-1501
www.modernaliteratura.com.br
2019

Impresso no Brasil

*Este livro é dedicado
às nossas famílias.*

SUMÁRIO

Introdução

Parte 1
Visão panorâmica de um continente..................8

Uma natureza marcadamente tropical..................12
- Múltiplas paisagens 13
- Desertos imensos 15
- Questões ambientais 15

A população africana 18
- Demografia explosiva 21
- Onde estão os africanos? 21
- Cada vez mais urbanos, mas ainda rurais 22
- Duas grandes religiões 24
- O islã na África 25
- Mosaico étnico 29
- Uma babel linguística 31
- Africanos no Brasil 34

África: muitas ou uma só? 37
- Pobreza no centro e "desenvolvimento" nos extremos 39
- Modelo agroexportador 40
- A economia africana e o fator China 41
- A União Africana 43

A herança colonial 44
- A intangibilidade das fronteiras 44
- Novos conflitos, novos personagens 47
- O senhor da guerra 49
- A criança-soldado 49
- O refugiado 50

Parte 2
África do Norte, limite ocidental do mundo árabe 51
- Em busca do "paraíso" 52

Egito e Líbia **54**
    Tensões na terra dos faraós 54
    As águas do Nilo e as inquietudes do Egito 56
    Líbia: o fim de uma longa ditadura 58

Magreb **60**
    A Argélia na encruzilhada 61
    O Marrocos e o Saara Ocidental 62

Parte 3
África Subsaariana: pobreza, riquezas e tragédias.... 64

    Aids, uma grande tragédia 65

O Sahel e o "Chifre" africano **68**
    Caos permanente na Somália 69
    O Sudão e suas crises 72
    O genocídio em Darfur 75
    Singularidades da Etiópia 77

África Ocidental **79**
    Nigéria: a potência regional 81
    Conflitos intermináveis 84
    Costa do Marfim, o último conflito? 87

África Equatorial **91**
    Catástrofe humanitária em Ruanda 92
    A história se repete no Burundi 95
    Conflitos sem fim na RDC 95
    Por trás da guerra, um subsolo valioso 101

África Meridional **103**
    Petróleo e diamantes financiaram o conflito em Angola ... 104
    África do Sul: o país diferente 106
    Radiografia étnica e a dinâmica do *apartheid* 109
    Novos caminhos, novos desafios 114

Considerações finais **116**
Bibliografia **118**

Introdução

Por que um livro sobre a África? Primeiro pelo fato de o Brasil ter a segunda maior população negra do mundo (a primeira é a da Nigéria). Segundo o Instituto Brasileiro de Geografia e Estatística (IBGE), cerca de metade dos brasileiros são afro-descendentes, computados nesse número indivíduos classificados como "pardos". Excetuando-se o dado meramente quantitativo, é quase um consenso no Brasil destacar-se a importância da cultura que veio da África na formação da identidade nacional.

Ao mesmo tempo, reconhece-se que o Brasil ainda tem muitos problemas no que se refere às condições sociais em que vive parte considerável dos descendentes daqueles que vieram do continente africano. A Abolição da escravatura não pôs fim à exclusão social, da qual tem sido vítima há muito tempo a população de origem africana no Brasil.

Isso pode ser comprovado pelos dados que são periodicamente divulgados por organismos internacionais, como o Índice de Desenvolvimento Humano (IDH). Esse indicador é elaborado por órgãos das Nações Unidas que medem as condições socioeconômicas de um país, de uma região ou mesmo de determinado agrupamento humano. Nos últimos anos, os dados do IDH brasileiro nos colocaram por volta do 70º lugar num *ranking* composto por cerca de 180 países. No entanto, se o cálculo do IDH considerasse somente a população de origem africana, nossa colocação desabaria para além do centésimo lugar.

Leis mais rígidas contra a discriminação racial e medidas polêmicas, como a reserva de cotas para a população de afrodescendentes nas universidades federais, tentam, aparentemente, compensar de forma parcial as seculares injustiças. Ao mesmo tempo, em janeiro de 2003, uma lei federal tornou obrigatório o ensino de história e de cultura afro-brasileiras nas escolas, tanto de nível fundamental quanto de ensino médio. O intuito é o de valorizar o estudo da cultura africana como um dos elementos formadores da identidade nacional.

Todavia, resta ainda um grande desconhecimento sobre o continente africano, área de origem dessa parcela significativa da população brasileira. Quantos brasileiros, por exemplo, saberiam dizer quantos são os países da África na atualidade? Quantos seriam capazes de identificar mais de cinco países num mapa político do continente?

É intenção deste livro levar o leitor a ter um primeiro contato com as realidades naturais, socioeconômicas e geopolíticas da África. Assim, a primeira parte da obra fornece uma visão panorâmica do continente, mostrando as suas principais características naturais, humanas, econômicas e geopolíticas.

As paisagens peculiares – desertos, savanas, florestas densas – revelam um continente marcado pela tropicalidade. A não regularidade dos ciclos naturais, combinada com a ação predatória do homem, têm produzido impactos ambientais que estão acelerando a desertificação, destruindo áreas florestais e provocando a escassez de água.

A evolução e as características demográficas dos países do continente, a extrema fragilidade econômica dos Estados e as causas mais gerais dos diversos conflitos que atingem a África também são analisadas nesta parte inicial.

Já as duas partes restantes desenvolvem abordagens geográficas e geopolíticas espacialmente mais restritas, retratando o perfil e os problemas da África do Norte e da África Subsaariana, com destaque para os principais conflitos e tensões que atingem essas duas regiões do continente.

É claro que nem todos os países da África, que são mais de 50, foram analisados. Demos, naturalmente, maior atenção àqueles considerados mais importantes do ponto de vista geográfico, socioeconômico e geopolítico. Especialmente nessas duas partes, sugerimos a observação atenta dos inúmeros mapas, pois se "olhar os mapas pode ser esclarecedor, olhá-los de ângulos novos pode ser ainda mais".

Originalmente, este livro teve sua primeira edição em 2004. De lá para cá muita coisa aconteceu no mundo e na África, daí a necessidade de uma atualização. Mas nosso objetivo continua sendo o de proporcionar um melhor conhecimento desse continente, cuja contribuição, no passado e no presente, tem sido essencial na formação de nossa cultura.

Visão panorâmica de um continente

Parte 1
Visão panorâmica de um continente

Se uma pessoa tivesse entrado em coma em 1945 e se recuperasse nos dias atuais, ficaria surpresa com as modificações políticas que o mundo sofreu nessas últimas décadas. A região do mundo que talvez tenha passado pelas maiores transformações foi o continente africano.

Antes da Segunda Guerra Mundial (1939-1945), praticamente todo o continente estava sob o domínio das metrópoles europeias. Só havia na África dois países independentes que não haviam sido submetidos ao jugo colonial: a Libéria e a Etiópia. Nas décadas que se seguiram ao fim do grande conflito, por conta do

África: divisão política

Os mapas que não apresentarem fonte são de autoria dos autores, com base em várias fontes.

África – Terra, Sociedades e Conflitos

processo de descolonização, 50 novos países se tornaram independentes.

Nenhum dos continentes, em que tradicionalmente costumam-se dividir as terras emersas do planeta, possui tantos Estados. Dos quase 200 Estados componentes da comunidade internacional na atualidade, 35 situam-se nas Américas, 45 na Ásia, 48 na Europa e 14 na Oceania. Assim, a África é o continente com o maior número de países do mundo atual.

Ao final da primeira década do século XXI, o Produto Interno Bruto (PIB) total da África era de aproximadamente 1,5 trilhão de dólares, cerca de três vezes maior do que era em 2000. No entanto, essa cifra é ainda inferior ao PIB do Brasil. A África produz uma parte diminuta na geração das riquezas mundiais (pouco mais de 2,5%), e tem, ainda, uma participação marginal, embora crescente, no comércio global, respondendo por quase 4% dos produtos exportados no planeta. Para com-

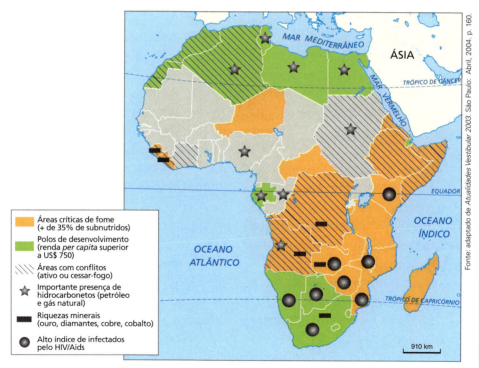

Radiografia da riqueza e da pobreza africanas

Fonte: adaptado de *Atualidades Vestibular 2003*. São Paulo: Abril, 2004. p. 160.

pletar, as instabilidades política e econômica afastam investimentos, já que o capital externo, bastante seletivo, prefere se instalar em regiões mais seguras.

As economias dos países africanos são pouco industrializadas e essencialmente produtoras de matérias-primas agrícolas, minerais e energéticas. Suas exportações se limitam a bens primários que possuem baixo valor no mercado externo. A exceção fica para alguns poucos países que se destacam na exploração de minérios em geral, e de petróleo em particular. Mas a exceção maior fica por conta da República Sul-Africana ou África do Sul, o único país do continente a ter uma economia industrial de expressão. O país é isoladamente o responsável por quase 25% de todas as riquezas geradas na África.

Quase metade da população vive na extrema pobreza, ou seja, com até um dólar por dia, de acordo com os parâmetros do Banco Mundial. Enquanto a maioria das regiões do globo conseguiu enriquecer nas últimas décadas, a África foi ficando para trás.

A história recente do continente tem sido marcada pela existência de ditaduras cruéis, constantes golpes de Estado, eleições fraudulentas e guerras fratricidas, sempre lembradas pelas imagens veiculadas pelos órgãos de imprensa. Nas últimas décadas, eclodiram dezenas de conflitos armados, com milhões de mortos e movimentos maciços de refugiados.

Qualquer análise mais detalhada dos conflitos africanos levará em conta a influência decisiva e quase sempre nociva do passado colonial, que deixou graves sequelas. Uma delas é, sem dúvida, a artificialidade do desenho das fronteiras entre os países. Definidas de maneira arbitrária pelas potências coloniais, segundo seus interesses econômicos e políticos, elas se mostraram completamente estranhas à realidade africana preexistente.

Da forma como foram traçadas, acabaram separando povos de mesma origem por diversos espaços coloniais e reunindo etnias rivais dentro de uma mesma administração colonial. Após a Segunda Guerra Mundial, quando se iniciou o processo de descolonização que atingiu o continente, uma regra de ouro foi mantida pelos novos países que surgiram: a intangibilidade das fronteiras herdadas do período colonial.

Como resultado, vários dos conflitos étnicos que assolaram e ainda hoje assolam o continente têm em suas raízes a partilha colonial idealizada pelas metrópoles europeias na segunda metade do século XIX. Em suma: as fronteiras africanas não são realmente africanas.

A caótica situação social na maioria dos países africanos pode ser comprovada por elevadas taxas de mortalidade infantil e o grande índice de analfabetismo. Atualmente, problemas crônicos como a desnutrição e a aids fazem mais vítimas do que os vários conflitos que ocorrem no continente. Um em cada três habitantes ao sul do Saara está desnutrido; um índice altíssimo, existente apenas em um punhado de nações asiáticas além da África. Ainda hoje, parcela considerável dos adultos e das crianças infectadas com o vírus da aids em todo o mundo é de africanos.

Notícias como essas, abordadas cotidianamente pela mídia, reforçam em nosso imaginário a descrença absoluta em relação a essa parte do mundo. Ao mesmo tempo, os problemas ali existentes são de tal complexidade que preferimos nos distanciar ou nos acomodar em noções do tipo "a África é mesmo um caso perdido". Esse talvez seja o maior equívoco. Isso porque, quando tentamos compreender os variados dramas do continente, descobrimos também o fascínio que existe na África.

Por trás das "rivalidades tribais" há uma multiplicidade impressionante de povos com tradições muito antigas e que tiveram significativa importância no passado. Na Idade Média havia reinos africanos com nível superior aos que existiam na Europa. O continente ainda abrange uma infinidade de etnias e uma centena de idiomas. Não se pode esquecer também de que a cultura africana tem presença importante, especialmente nas Américas e na Europa.

Vários dos conflitos que ocorreram e ainda ocorrem no continente estão ligados ao controle de um subsolo que apresenta expressiva riqueza em minerais. Nunca é demais ressaltar que a África detém grande parcela das reservas mundiais de antimônio, bauxita, cromo, cobalto, diamante, ouro, manganês, platina, titânio, vanádio e... petróleo.

Apesar de todas as adversidades, deve-se reconhecer que no continente existe um enorme potencial natural, mineral, humano e cultural para promover mudanças.

Visão panorâmica de um continente

Uma natureza marcadamente tropical

Africa é o mais tropical de todos os continentes. Cortada ao meio pela linha do Equador, quase 75% de seu território localiza-se entre os trópicos de Câncer (ao norte) e Capricórnio (ao sul). Apenas os extremos setentrional e meridional estão fora da chamada Zona Intertropical. Nenhum outro continente possui uma área tão extensa nessa zona térmica da Terra.

No território africano encontramos as três grandes estruturas morfológicas existentes no mundo: os dobramentos modernos, as bacias sedimentares e os escudos cristalinos. No entanto, as formações predominantes são planaltos e platôs, feições derivadas dos escudos cristalinos que remontam aos primórdios da história geológica do planeta.

É justamente nessas áreas que está situada a maioria das jazidas minerais que fazem a riqueza da África. No passado, essas riquezas

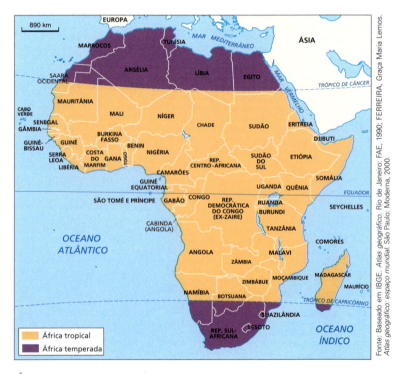

África: o mais tropical dos continentes

foram alvo da cobiça e de disputas entre as potências coloniais europeias. Mais tarde, sua exploração por empresas multinacionais, associadas ou não a grupos africanos locais, provocou inúmeras situações de conflitos e tensões.

Com altitudes em geral inferiores a 1.000 metros, o relevo africano é pouco acidentado, exceto na Cadeia do Atlas (noroeste) e nos altos planaltos da África Oriental e Austral. As planícies aparecem quase exclusivamente no litoral, avançando apenas pelo deserto da Líbia e pelos vales de alguns rios, como o Senegal.

Na África Oriental, importantes movimentos tectônicos, geologicamente recentes, deram origem a linhas de falhamentos dispostas de maneira geral no sentido norte–sul. A principal delas levou à separação entre a placa continental africana e a península Arábica, fenômeno geológico que deu origem ao mar Vermelho.

Outras fraturas deram origem a muitos dos lagos do leste africano, como o Tanganica e o Niassa. Encaixados entre montanhas e planaltos elevados, eles fazem parte da grande unidade do relevo africano, conhecida como Planalto dos Grandes Lagos. É aí que se localiza o ponto mais elevado do continente, o monte Kilimandjaro, com quase 6.000 metros de altura. O lago Vitória, o maior de toda a região, é o único que teve uma formação diferente dos demais.

Os rios africanos apresentam características diferenciadas em função de suas localizações. Alguns deles, como o Zambeze, Limpopo, Orange e Vaal atravessam os elevados platôs tropicais ou semiáridos da África Meridional e lançam suas águas no Índico ou no Atlântico. Na África Ocidental, o Níger margeia porções semiáridas dos limites meridionais do Saara, antes de correr pelo vale tropical que o leva até sua desembocadura no golfo da Guiné.

Na África Central, o rio Congo forma uma extensa bacia hidrográfica que drena amplas áreas da floresta pluvial. O Nilo, o mais extenso de todos e cuja bacia drena territórios de dez países, nasce nas proximidades do lago Vitória (Planalto dos Grandes Lagos). Em seu percurso, rumo ao norte, percorre ecossistemas cada vez mais secos, atravessa a borda oriental do Saara até desembocar no mar Mediterrâneo.

Múltiplas paisagens

Por ser um continente tropical, a maior parte da África apresenta altas temperaturas ao longo de todo o ano. Apenas em lugares bastante elevados ou nas extremidades norte e sul os termômetros atingem marcas inferiores a 10 °C no inverno.

Visão panorâmica de um continente

Os tipos de vegetação variam em função da época e intensidade das chuvas. Nas proximidades da linha do Equador, onde a umidade é elevada e constante, existem florestas tropicais densas. A floresta do Congo, a mais importante delas, é uma formação vegetal que guarda enorme semelhança com a nossa Floresta Amazônica.

À medida que nos distanciamos do Equador, tanto para o norte como para o sul, as chuvas vão se tornando cada vez mais escassas. Como resultado, as florestas dão lugar à vegetação de savanas. Com a redução ainda maior da umidade aparecem as estepes e os desertos. A umidade volta a aumentar um pouco nos extremos norte e sul do continente, permitindo o surgimento de uma formação vegetal dominante arbustiva, denominada "vegetação mediterrânea". Portanto, há uma enorme semelhança entre as paisagens africanas encontradas ao norte e ao sul do Equador.

A vegetação mais característica da África é a savana, que circunda de forma incompleta as regiões recobertas por florestas. A savana ocorre em áreas de climas tropicais que apresentam verões úmidos e invernos secos, e pode

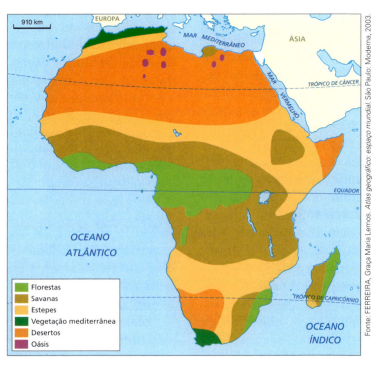

África: formações vegetais

África – Terra, Sociedades e Conflitos

apresentar várias feições paisagísticas em função dos tipos de solo e da umidade existente.

Embora tenha alguma semelhança fisionômica com os cerrados do Brasil central, a fauna das savanas africanas é bem diferente. Hábitat de grandes mamíferos, como leões, elefantes, girafas, zebras, rinocerontes, as savanas da África possuem grande biodiversidade e, cada vez mais, vêm se transformando numa atração turística mundial.

Desertos imensos

Os desertos cobrem cerca de um terço do território africano. O maior deles é o Saara, que se estende quase ininterruptamente do Atlântico ao mar Vermelho, perfazendo mais de 8.000.000 km².

Na porção sudoeste do continente aparece outro domínio árido, representado pelos desertos do Kalahari e da Namíbia.

O único rio perene que corta o Saara é o Nilo. Todavia, a água não é totalmente ausente nos desertos. Em raras ocasiões aguaceiros enchem os leitos secos dos rios temporários, chamados uédis. A maioria desses uédis desaparece rapidamente por conta da infiltração da água no solo e por evaporação. Alguns, porém, mais duradouros, alimentam lagos interiores localizados nas margens semiáridas do deserto.

Ao sul do Saara, aproximadamente da Mauritânia à Etiópia, aparece um corredor de terras semiáridas que assinalam a transição para os climas tropicais e as savanas. Essa área, denominada Sahel (orla ou margem, na língua árabe), além de ser uma fronteira climato-botânica, também separa sociedades e culturas bem diferenciadas.

Questões ambientais

Entre os mais graves problemas ambientais da África estão o desmatamento, a desertificação e a escassez de água. Quase 7.000.000 km² de florestas nativas cobriam ori-

Os grandes desertos africanos

15

Visão panorâmica de um continente

ginalmente o solo africano; hoje, restam apenas cerca de 10%. Parte considerável desse enorme desmatamento é bem recente. Assim, em países da África Ocidental, como a Costa do Marfim e Gana, cerca de 80% das matas originais foram devastadas nas últimas décadas. As florestas remanescentes concentram-se principalmente na região da bacia do Congo.

A destruição das florestas africanas foi e ainda é causada pelo acelerado crescimento da população aliado a atividades econômicas imediatistas. A principal delas é a extração indiscriminada de madeira nobre realizada pelas grandes empresas. Para piorar a situação, monoculturas e pastagens extensivas acabam preenchendo o vazio deixado pelo desmatamento. Contando muitas vezes com estímulos e subsídios dos próprios governos nacionais, esses empreendimentos levam ao rápido esgotamento dos solos, já que adotam práticas agrícolas inadequadas ao meio ambiente tropical.

A África é também uma das áreas do mundo mais afetadas pela desertificação – fenômeno que reduz a produtividade da terra e compromete a agricultura. Provocada pelo desmatamento e outras atividades humanas predatórias, a desertificação atinge principalmente as zonas semiáridas e subúmidas do continente, particularmente o Sahel, região que ficou conhecida como o "cinturão da fome" nos anos 1980. Cerca de 1,5 bilhão de pessoas no mundo sofrem os efeitos da desertificação. Boa parte delas está na África.

A falta de água potável também se tornou uma questão de primeira ordem nas últimas décadas, sobretudo no centro-norte da África. A equação é simples: enquanto as reservas de água doce são finitas e cada vez mais escassas, a demanda não para de aumentar. Traduzida em números, a quantidade de água disponível por pessoa no mundo caiu de 16.800 m³ em 1950 para 6.800 m³ em 2000.

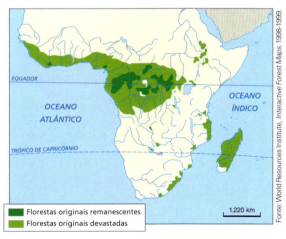

Florestas originais e remanescentes

África – Terra, Sociedades e Conflitos

Segundo a ONU, países que dispõem, em um ano, de até 1,7 mil m^3 de água por pessoa são considerados em situação de "estresse hídrico". Quando o consumo *per capita* não alcança 1.000 m^3 estamos diante da chamada "grave penúria de água".

Um grande número de nações africanas enfrenta hoje o "estresse hídrico" ou a "grave penúria de água". Problemas sérios de abastecimento ocorrem nas áreas áridas e semiáridas de todo o centro-norte do continente – numa faixa que se estende diagonalmente desde o Marrocos até a Somália –, onde o "ouro azul" é naturalmente escasso. A África Austral, embora mais afortunada em relação ao centro-norte, também registra áreas com oferta crítica de água.

Uma das únicas regiões bem servidas de água é o centro-oeste. A República Democrática do Congo (RDC), a República Centro-Africana e Camarões dispõem de 10.000 a 50.000 m^3 de água *per capita*, um índice bem satisfatório. A RDC, aliás, concentra, juntamente com outros nove países do mundo, 60% dos recursos hídricos mundiais. Na República Democrática do Congo a oferta oscila entre 50.000 e 100.000 m^3 por habitante e no Gabão está acima de 100.000.

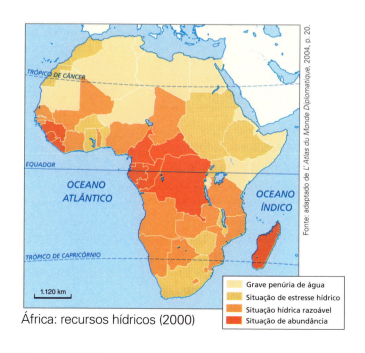

África: recursos hídricos (2000)

Fonte: adaptado de L'Atlas du Monde Diplomatique, 2004, p. 20.

Visão panorâmica de um continente

A população africana

A África é o terceiro continente mais populoso do mundo, com pouco mais de 1 bilhão de habitantes em 2010, quase 15% da população mundial. O único continente com mais população que a África é o asiático.

Os africanos só não são mais numerosos por conta da verdadeira "hemorragia" demográfica sofrida com o tráfico negreiro séculos atrás. Praticado inicialmente por árabes, o tráfico ganhou intensidade a partir do século XVI, quando colonizadores europeus (portugueses, espanhóis, franceses, britânicos e holandeses) passaram a utilizar africanos como escravos nas *plantations* da América. No decorrer de quase quatro séculos foram retirados da África cerca de 15 milhões de indivíduos.

A escravidão e o tráfico deixaram marcas profundas, perceptíveis até hoje em diversas sociedades do continente. Como se sabe, os países africanos abrigam várias etnias em seu interior. Algumas se envolveram na captura e comercialização de escravos, ao passo que outras sofreram o impacto dessas ações. A lembrança histórica entre grupos "captores" e "capturados" alimenta rivalidade e exacerba conflitos e tensões em vários países.

Mas a consequência mais visível do tráfico foi a estagnação do efetivo demográfico do continente. Se em 1650 a África possuía 100 milhões de habitantes, duzentos anos depois esse número permanecia praticamente inalterado. A população africana só voltou a crescer de fato a partir do século XX. Entre 1900 e 1950, o total de habitantes saltou de 120 milhões para mais de 220 milhões. Em 2050, segundo previsões da ONU, o contingente demográfico do continente deverá ser pouco inferior a 2,0 bilhões, o que representará cerca de 22% da população mundial.

Demografia explosiva

Atualmente, a África é uma das únicas regiões do mundo que, só muito recentemente, iniciou a sua transição demográfica. Ou seja, os africanos continuam crescendo em ritmo acelerado numa época em que praticamente todo o resto do mundo se encaminha para um incremento demográfico inferior a 2% ao ano. Mesmo na América Latina e em áreas subdesenvolvidas da Ásia, a explosão demográfica é coisa do passado. As curvas de crescimento, que registraram taxas anuais ao redor de 3% nas décadas de 1960 e 1970, caíram por causa do impacto gerado pelo aumento da urbanização e

África – Terra, Sociedades e Conflitos

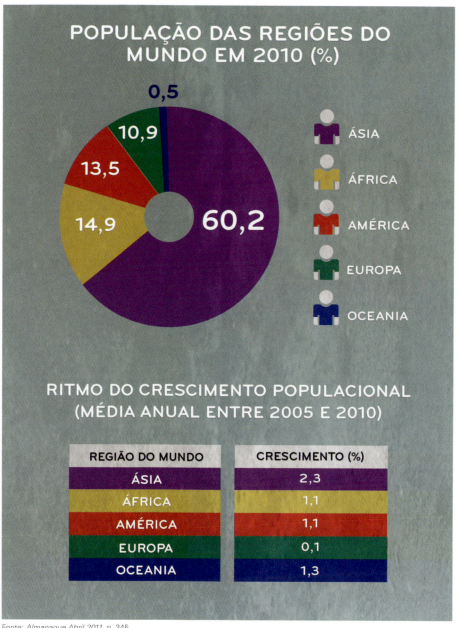

Fonte: *Almanaque Abril 2011*, p. 345.

Visão panorâmica de um continente

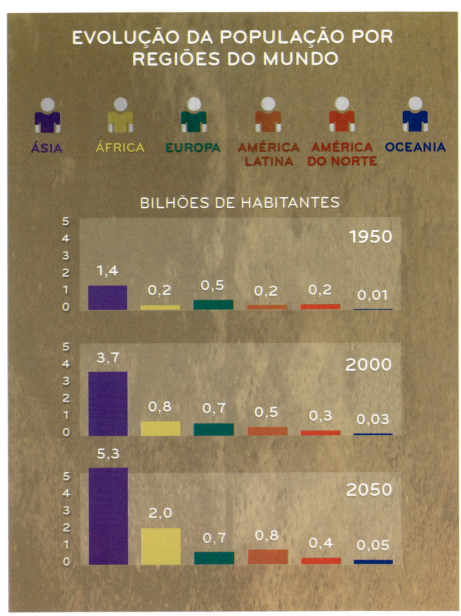

Fonte: PISON, Gilles. *Atlas de la Population Mondiale*. p. 9.

África – Terra, Sociedades e Conflitos

da modernização econômica. Assim, a natalidade declinou com a urbanização e a dissolução da unidade familiar de produção. Na direção oposta, a maioria das nações africanas apresenta taxas de crescimento demográfico superiores a 2%. Em algumas, como Níger, Mauritânia, Chade, Congo e Somália, os índices chegam a ultrapassar 2,5%. Embora o tradicionalismo religioso, contrário aos métodos anticonceptivos, tenha alguma importância, o que sustenta a natalidade galopante é a miséria.

A elevada natalidade compensa, e com sobra, catástrofes como a fome, as guerras e a disseminação de epidemias, sobretudo a aids. Esta última tem funcionado como um perverso redutor populacional, ceifando milhões de vidas a cada ano. O estrago causado pela aids tem os contornos de uma grande tragédia em mais da metade dos países do continente.

Onde estão os africanos?

Por uma combinação de fatores naturais, históricos e econômicos, a população africana não se encontra distribuída de maneira uniforme pelo território. De uma forma geral, cerca de 80% do efetivo demográfico concentra-se na porção do continente ao sul do Saara e o restante está presente na África do Norte.

Os dois países mais populosos do continente são a Nigéria,

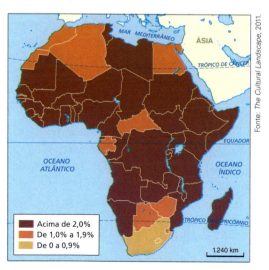

Ritmo do crescimento populacional

com pouco mais de 160 milhões, e o Egito (cerca de 85 milhões). Os menos populosos correspondem a países insulares, como Seychelles (cerca de 200 mil) e a ex-colônia portuguesa de São Tomé e Príncipe (aproximadamente 160 mil).

Principalmente em função das condições naturais (extensas áreas desérticas e amplas superfícies recobertas por densas florestas), da fragilidade dos métodos de produção agrícola e da forma como se processou a valorização e ocupação das terras por parte das potências coloniais, a população se apresenta muito concentrada em alguns trechos e, em outros, as densidades demográficas são baixíssimas. A densidade média do continente não atinge 40 habitantes por quilômetro quadrado.

As maiores concentrações populacionais ocorrem nas áreas mais úmidas e de solos férteis. Assim, a orla mediterrânea do Magreb, o médio e baixo vale do Nilo, o litoral ocidental e do golfo da Guiné, alguns trechos do Planalto dos Grandes Lagos e o sul e leste da África do Sul apresentam densidades que superam em muito a média continental. Por sua vez, as imensas extensões áridas do Saara e dos desertos do sudoeste do continente têm densidades inferiores a um habitante por quilômetro quadrado.

Cada vez mais urbanos, mas ainda rurais

Uma das características demográficas que mais chamam a atenção na África é o seu baixo nível de urbanização – pouco mais de 40% – se comparado a outras áreas do mundo. Paradoxalmente, a população urbana do continente vem crescendo rapidamente nas últimas décadas. Segundo previsões, só por volta de 2015 é que metade dos africanos estará vivendo em núcleos urbanos. Esses dados comprovam que, ainda, grande parte das pessoas que vivem na África dedica-se a atividades ligadas ao meio rural.

Todavia, há diferenças significativas entre as taxas de urbanização da África do Norte e da Subsaariana. A primeira, pela histórica tradição urbana da região do Mediterrâneo, apresenta-se bem mais urbanizada que a segunda. Atualmente, cerca de 2/3 da população da África do Norte vive em cidades. No entanto, há entre os países componentes da região grandes diferenças. Assim, no Egito, cerca da metade da população vive em cidades, apesar da importância demográfica da aglomeração urbana da cidade do Cairo, que concentra cerca de 10% da população do país. Por sua vez, na Líbia, a taxa de urbanização é superior a 80%. Aproximadamente metade dos

África – Terra, Sociedades e Conflitos

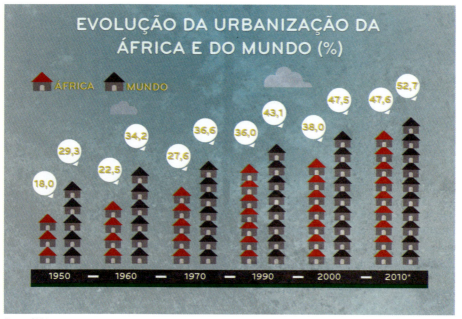

Fonte: *ONU*.

6,5 milhões de habitantes desse país, quase totalmente desértico, concentra-se em duas cidades: Trípoli, a capital, e Bengazi.

Já na África Subsaariana, pouco mais de 1/3 da população total vive em áreas urbanas. Nessa área, as diferenças de níveis de urbanização entre as regiões e os países são muito expressivas. Assim, a África Meridional apresenta cerca de 60% da população vivendo nas cidades, sendo a República Sul-Africana o país mais urbanizado dessa região. A região menos urbanizada da África Subsaariana é a porção oriental, onde as taxas de urbanização giram em torno de 30%.

A diferença de urbanização entre os países dessa região é enorme. No pequeno Djibuti (um país menor que Alagoas), a taxa de urbanização da população é de quase 80%. Mais da metade dos habitantes do país vive na capital, onde a maior parte dos empregos está ligada à função portuária da cidade. No extremo oposto, com cerca de 20% de população urbana, estão Ruanda e Burundi, dois países da região dos Grandes Lagos, onde ocorrem expressivas manchas de solos férteis de origem vulcânica.

Outro fator que chama a atenção no crescimento urbano da África é o aumento do número de

Visão panorâmica de um continente

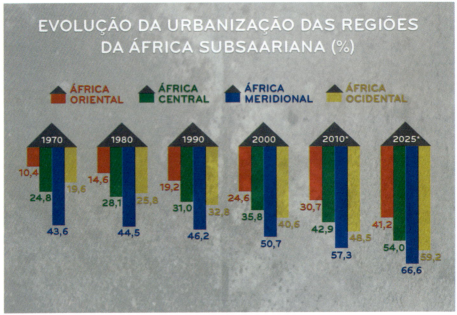

Fonte: ONU.

cidades com mais de 1 milhão de habitantes. Em 1960, existia apenas um núcleo urbano "milionário". Em 1990 eles já eram 18, e previsões indicam que, em 2020, eles serão 59!

O crescimento da urbanização em todo o continente, mas especialmente na porção Subsaariana, acelerou-se nas últimas décadas em função da combinação perversa de catástrofes naturais, esgotamento de solos e conflitos, fatores que levaram milhões de africanos a buscar refúgio e abrigo em cidades. Essas cidades, com uma infraestrutura que já era muito precária, não tinham as mínimas condições de receber o crescente fluxo de pessoas. O crescimento caótico, que continua a se verificar, vem acentuando os problemas, como a insuficiência de moradias, suas condições insalubres, a exclusão social, a marginalidade e a disseminação de doenças.

Duas grandes religiões

Embora exista muita polêmica a respeito e dados estatísticos nem sempre confiáveis, os seguidores do islamismo atualmente representam o grupo religioso mais numeroso do continente, perfazendo quase 45% da população, seguido dos adeptos do cristianismo, que correspondem a aproximadamente 40%. Os cultos africanos tradicionais (animismo) e ateus correspondem ao restante.

É curioso notar que nenhuma das duas maiores religiões é nativa do continente. O cristianismo foi trazido pelos colonizadores europeus, e o islamismo remonta ao longo período da ocupação árabe e otomana, especialmente no norte e no leste do continente. Apesar da enorme perda de influência, as religiões tradicionais (algumas delas aparentadas com o Candomblé e a Umbanda no Brasil) são praticadas por cerca de 100 milhões de africanos.

Quase 30% dos muçulmanos do mundo vivem na África, o segundo continente com maior contingente de islâmicos. Embora a religião islâmica possua duas correntes principais (sunitas e xiitas), quase 95% dos muçulmanos africanos seguem o rito sunita. O islamismo tem crescido na África mais pelo crescimento demográfico do que pela conversão.

A presença muçulmana é esmagadora nos países do norte – Marrocos, Argélia, Tunísia, Líbia, Egito e Mauritânia. Seu contingente, de maneira geral, vai diminuindo à medida que se avança para o sul, área onde a presença das crenças nativas e principalmente do cristianismo é bem mais expressiva. No sul da África os seguidores do islamismo não chegam a 10%.

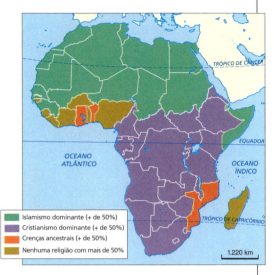

Religiões na África

A maioria dos cristãos segue o catolicismo, mas o protestantismo é expressivo. Um fenômeno relativamente recente é o grande crescimento das igrejas carismáticas e neopentecostais, que estão dando uma nova feição para o cristianismo na África e no resto do mundo. Especialmente nas últimas décadas, elas tiveram um crescimento extraordinário.

O islã na África

Depois do Oriente Médio, do subcontinente indiano e do sudeste asiático, a África se constitui numa quarta região que, apesar de menos importante no passado muçulmano, vem adquirindo cada vez mais projeção no contexto do chamado mundo islâmico. O número de muçulmanos na África é na atualidade estimado em mais de 400 milhões, cerca de 30% do total dos seguidores da religião criada pelo profeta Maomé.

A islamização no continente africano se difundiu muito mais pelo comércio e pela migração do que por conquista militar. A expansão do islã na África seguiu três direções: do Magreb ela avançou pelo Saara e alcançou a África Ocidental. A segunda direção partiu do baixo para o alto vale do Nilo e alcançou a África Norte-Oriental. Por fim, comerciantes originários da porção sul-sudoeste da península Arábica e migrantes do subcontinente indiano criaram assentamentos no litoral do Índico e, dali, difundiram a presença muçulmana para o interior. A expansão do islamismo, em todas essas direções, continua até os dias atuais.

O islamismo fez sua entrada no continente a partir da África do Norte, do Egito ao Marrocos, sendo esta uma das primeiras regiões a ser conquistada pela expansão inicial árabe-islâmica (séculos VII e VIII).

Dos séculos X ao XVI, mercadores muçulmanos contribuíram decisivamente para a emergência de importantes reinos na África Ocidental, que floresceram graças ao comércio feito por caravanas que, atravessando o Saara, punham em contato o mundo mediterrâneo com o das estepes e savanas do Sudão Ocidental e África Centro-Ocidental. A conversão de certos monarcas africanos não só fez o islã avançar como também criou uma florescente cultura. Assim, por exemplo, a cidade de Timbuktu (no atual Mali) era, no século XIV, um núcleo urbano conhecido pelo alto nível de suas escolas islâmicas, que atraíam muçulmanos de várias partes do mundo.

Na porção oriental do continente, comerciantes árabes conseguiram se fixar junto ao litoral do Índico, levando a gradual conversão de grupos africanos que viviam em áreas da atual Eritreia e do leste da Etiópia. Mas os reinos cristãos do alto vale do Nilo conseguiram bloquear por séculos o avanço muçulmano, como foi o caso dos grupos humanos que, de longa data, ocupavam os altos planaltos da Etiópia. Nos séculos seguintes, mais ao sul, a cultura árabe-muçulmana influenciaria grupos bantos que estavam em processo de expansão para a África oriental e meridional.

Paralelamente, comerciantes árabes atravessaram o oceano Índico e criaram, do Chifre da África ao atual Moçambique, um conjunto de importantes cidades-Estado e fortalezas, junto ao litoral e nas ilhas, cujo comércio de ouro se manteve até o início da presença portuguesa no século XVI. Às vésperas do início da colonização europeia, o islã consti-

África – Terra, Sociedades e Conflitos

tuía-se na principal presença "importada" no continente, presença esta que já estava fortemente integrada às sociedades africanas.

O islã na África após 1800 – Uma nova fase da islamização no continente iniciou-se no século XVIII, fenômeno que coincidiu com o auge da época escravista. Embora a servidão já existisse em várias sociedades da África Ocidental, a captura de seres humanos se acelerou, a ponto de surgirem, no litoral do golfo da Guiné, novos "Estados", por exemplo, o Daomé (atual Benin) e Ashanti (atual Gana), como resposta à crescente procura por escravos que eram enviados, em sua maioria, para servir como mão de obra nas *plantations* da América tropical.

As armas de fogo que os mercadores de escravos passaram a receber em troca dos seres humanos apresados facilitavam novas capturas, que contribuíram para praticamente dizimar populações inteiras. Ao mesmo tempo, esse perverso processo transformou os grupos caçadores e mercadores em uma nova elite. Parte dos escravos vendidos era de muçulmanos, e foi por meio deles que surgiram os primeiros núcleos islâmicos nas Américas. Já na África Oriental, os escravos capturados eram enviados para o Oriente Médio.

No século XIX, o impacto colonial mudou dramaticamente o quadro existente até então. Colonialistas europeus – franceses e britânicos, além de belgas, italianos e portugueses – criaram e consolidaram impérios concorrentes que puseram fim aos "Estados" islâmicos independentes. Os ingleses, que até o século anterior haviam sido os principais organizadores do tráfico negreiro, passaram a impor o seu fim e, onde foi possível, aboliram a escravidão. A diminuição do comércio de escravos trouxe consequências negativas para as elites escravistas muçulmanas, implodindo as estruturas estatais existentes.

A Grã-Bretanha concentrou suas energias na estratégia geopolítica de manter um domínio terri-

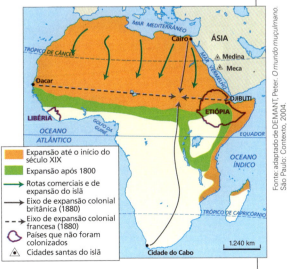

Fonte: adaptado de DEMANT, Peter. *O mundo muçulmano*. São Paulo: Contexto, 2004.

A expansão do islã na África

torial contínuo – do Cairo (Egito) até a Cidade do Cabo (África do Sul) –, eliminando eventuais "Estados" muçulmanos que estivessem no caminho. Por sua vez, em algumas áreas da África Oriental, os britânicos promoveram a vinda de trabalhadores rurais muçulmanos originários das Índias britânicas para regiões das atuais Uganda e África do Sul.

A evolução do colonialismo nas regiões da África muçulmana gerou uma situação paradoxal: ao mesmo tempo em que os muçulmanos perdiam poder político, o islamismo teve um crescimento sem precedentes. Tribos inteiras se converteram. Isso ocorreu no contexto das rápidas transformações socioeconômicas engendradas pela colonização.

A urbanização e o enfraquecimento das tradições familiares e sociais, bases fundamentais das culturas africanas, criaram um ambiente conturbado que beneficiou o islã, religião que combina o universalismo de sua mensagem com uma ideologia de clara oposição ao Ocidente imperialista. Aliás, é essa combinação que explica em grande parte a condição de o islamismo ser, na atualidade, a religião com o maior ritmo de crescimento em todo o mundo.

O islã, o mundo árabe e as cisões internas

O islamismo se baseia nos ensinamentos do profeta Maomé (570–632), a ele revelados por Deus com a mediação do arcanjo Gabriel. A coletânea dessas mensagens forma o Alcorão, o livro sagrado do islã. A palavra islã significa "aquele que se submete à vontade de Alá" (Alá, Deus em árabe).

Maomé começou a pregar sua doutrina monoteísta aos 40 anos, mas encontrou forte oposição em Meca, sua cidade natal. Após fugir para Medina, onde se tornou profeta e legislador, Maomé retornou triunfante a Meca, desde então o santuário do islã. Quando morreu, em 632, as tribos da Arábia já estavam unificadas em torno da língua árabe e da doutrina islâmica.

Com o objetivo de difundir a fé islâmica, exércitos árabes partiram para a conversão de outros povos da Ásia, da África e da Europa. Ao mesmo tempo, propagaram a língua, os costumes e a cultura árabes. Em seu apogeu, por volta de 750 d.C., o Império Árabe ocupava desde a Península Ibérica até o norte do subcontinente indiano, passando pelo norte da África e Oriente Médio.

A associação direta entre o povo árabe e a religião islâmica leva muitos a pensar que árabes e muçulmanos são sinônimos. Se a imensa maioria dos árabes é muçulmana, a maioria dos muçulmanos não é árabe. Isso porque a religião islâmica se expandiu muito além das fronteiras do mundo árabe, que compreende a maior parte dos países do Oriente Médio (com exceção de Israel, Turquia e Irã) e do norte da África (Marrocos, Argélia, Tunísia, Líbia e Egito). Países limítrofes, como a Mauritânia e o Sudão, foram muito influenciados pela cultura árabe.

Aproximadamente 85% dos muçulmanos são sunitas, e o restante, xiitas. A cisão entre os dois grupos ocorreu há muitos séculos e esteve associada à sucessão de Maomé. Do ponto de vista político, a convivência entre as comunidades nem sempre é pacífica, transformando-se em conflitos em alguns países.

A maior fonte de tensão no interior do islã, no entanto, são as correntes fundamentalistas, que veem os textos sagrados como a única orientação para os diversos aspectos da vida – das relações familiares e sociais até a organização política. Elas ganharam força na esteira da Revolução Islâmica no Irã, em 1979, quando, pela primeira vez em sua história, fundamentalistas xiitas chegaram ao poder por meio de um levante popular. Sob a liderança do aiatolá (líder espiritual e temporal dos xiitas iranianos) Khomeini, o Irã tornou-se foco de irradiação do fundamentalismo islâmico.

Aos poucos, os ideais fundamentalistas conquistaram fatias da população, organizações e governos do mundo islâmico. Em alguns países formaram-se grupos com características extremistas, que passaram a lutar pela implantação de Estados regidos pela charia, a lei islâmica.

Mosaico étnico

Tentar estabelecer o número exato de grupos étnicos do continente africano é uma empreitada digna dos doze trabalhos de Hércules. Não há entre os especialistas concordância quanto ao número de etnias (e de línguas) existentes na África e, dada a sua enorme diversidade, esses *experts* tentam agrupá-las em grandes troncos ou ramos. Para complicar ainda mais a situação, um enorme número de etnias tem o mesmo nome de determinado agrupamento linguístico.

Em termos étnicos, alguns especialistas falam em mais de meia centena de etnias, enquanto outros identificam mais de um milhar delas. Algumas dessas etnias têm milhões de membros; outras possuem apenas alguns milhares de indivíduos.

De maneira geral, países como a Nigéria e a República Democrática do Congo têm centenas de grupos étnicos que, até mesmo, se espalham por países vizinhos. Em certos países de pequena extensão territorial, como Ruanda e Burundi, a heterogeneidade étnica é bem menor. Assim, as etnias hutu e tutsi compreendem mais de 98% da população total desses dois países da África Oriental.

Fazendo um enorme esforço de generalização, pode-se inferir que o norte da África é a área por excelência de povos árabes, com bolsões de populações arabizadas (como os berberes e tuaregues) que não usam a língua árabe.

Em contrapartida, a África Subsaariana é a região do continente que apresenta uma extrema fragmentação em termos étnicos. Fazendo-se uma generalização extrema, teríamos nessa área do continente dois grandes ramos étnicos, os sudaneses e os bantos.

Os primeiros, aparecem com grande expressão na porção ocidental da África que circunda, *grosso modo*, a região do golfo da Guiné. Já os bantos ocupam, quase sem interrupção, toda a porção centro-sul e leste do continente.

Sobre tuaregues, pigmeus e bosquímanos – Alguns grupos étnicos africanos, por conta de suas peculiaridades antropológicas e históricas, como os tuaregues, os pigmeus e os bosquímanos, merecem destaque. Os primeiros, pouco menos de 1 milhão de indivíduos, são em geral criadores nômades, de língua berbere e religião islâmica e estão presentes principalmente em áreas do Mali e do Níger, embora possam ser encontrados também, em pequeno número, na Argélia, na Líbia e em Burkina.

Ao longo do século XIX, resistiram ferozmente ao avanço dos franceses e só foram vencidos no início do século XX. Para combatê-los, os franceses criaram uma força especial, a Legião Estrangeira, formada por soldados de várias nacionalidades, em geral criminosos em seus países de origem.

Se o regime colonial enfraqueceu a sociedade tuaregue, o trauma maior veio com a independência. Por ter estabelecido boas relações com as autoridades coloniais, o grupo foi marginalizado pelos governos dos Estados que surgiram com a descolonização. Assim, tanto no Mali como no Níger, ocorreram rebeliões tuaregues, especialmente na década de 1990. Depois de vários anos de conflito, em 1998, chegou-se a um acordo mais ou menos definitivo, que deu aos tuaregues uma relativa autonomia no quadro político-administrativo dos dois países.

Já os pigmeus, identificados por sua pequena estatura (não chegam a 1,5 m de altura), são os mais antigos ocupantes das regiões das florestas equatoriais e encontram-se dispersos por uma ampla área que vai da República dos Camarões a Ruanda. Seu número é estimado em 150 mil indivíduos que têm como base de sustento atividades de caça, pesca e coleta. Não possuem uma língua própria, usando o idioma dos grupos étnicos vizinhos.

Por fim, os bosquímanos são os últimos remanescentes das populações que ocuparam o sul da África antes do avanço dos povos bantos. Atualmente, cerca de 95% dos menos de 100 mil indivíduos que formam o grupo habitam, quase exclusivamente, áreas do deserto de Kalahari e algumas regiões semiáridas de Botsuana e da Namíbia.

O grupo é formado por duas etnias, os khoi e os san, que formam o ramo linguístico chamado khoisan. Na verdade, os dois termos componentes da palavra khoisan designam pessoa (khoi) e caçador-coletor (san). Anatomicamente, diferem de seus vizinhos por sua pequena estatura (pouco mais de 1,5 m) e pela cor de sua pele (amarelo-acobreada), que lembra um pouco a dos aborígines australianos.

Uma babel linguística

Existem no continente africano pelo menos 1.500 línguas, cada uma delas com importância bem desigual. Algumas delas possuem milhões de locutores; outras são faladas apenas por poucos milhares de indivíduos.

Dado seu enorme número, classificá-las é muito difícil, até porque as classificações, regra geral, são feitas por estudiosos que veem o fenômeno com olhos extra-africanos. Uma das classificações dessa imensa babel linguística existente na África identifica algumas grandes famílias:

1) a khoisan, formada por cerca de 30 línguas faladas por indivíduos das etnias hotentote e bosquímana, encontradas especialmente na Namíbia e Botsuana.

2) a camito-semítica ou afro-asiática, constituída pelos ramos semítico (árabe e etíope), berbere, cauchítico e chadiano. A língua árabe, em função do número de locutores, é a mais importante do conjunto.

3) a nilo-saariana, que se estende de forma descontínua do Chade ao Sudão e à RDC. Essa

Visão panorâmica de um continente

grande família é formada por 140 línguas faladas por mais de 50 milhões de indivíduos.

4) a nigero-congolesa ou banta, que ocupa grande parte da porção centro-sul da África Subsaariana, abrange uma enorme área que vai, *grosso modo*, desde a África Ocidental até o sudeste da África do Sul. É formada por pelo menos sete grupos, que abarcam cerca de 1.000 línguas, com mais de 400 milhões de locutores.

5) línguas veiculares ou de relação. Para fazer frente à imensa diversidade linguística, foram desenvolvidas as línguas de relação, isto é, elas servem para comunicação entre povos de línguas diferentes. São exemplos deste grupo o suaíli, língua de grande importância na África Oriental, e o haussa, no norte da Nigéria e no Níger.

6) o malgaxe, uma língua apenas, a única exclusivamente asiática, de origem malaio-polinésica, falada por pessoas que vivem na ilha de Madagascar.

7) línguas europeias, idiomas herdados da colonização, principalmente o inglês, o francês e o português, continuam sendo largamente utilizadas, especialmente pelos segmentos sociais mais elitizados, e têm a condição de língua oficial em grande parte dos países da África Subsaariana. Na República Sul-Africana, o africâner se constitui um caso particular: originário do holandês, é falado pela maioria dos brancos e dos mestiços daquele país.

Línguas e etnias

Prêmio Nobel de literatura para africanos

Três escritores africanos já foram agraciados com o Prêmio Nobel de Literatura: o nigeriano Wole Soyinka (1986), o egípcio Naguib Mahfouz (1988) e a sul-africana Nadine Gordimer (1991). Esses três autores representam esforços de uma geração de intelectuais obrigada a refletir sobre os conflitos políticos e culturais que vêm marcando a história africana contemporânea. Entretanto, as diferenças entre eles não se restringem ao plano artístico ou literário; é a imensa diversidade de culturas, muitas vezes sobrepostas, que caracteriza o continente africano que se revela em suas vidas e suas obras.

A obra do nigeriano Soyinka configura, em parábolas e dramas contundentes, a tensão entre três aspectos marcantes da sociedade da Nigéria: a etnicidade das raízes ioruba (um dos principais grupos étnicos do país), os valores do islã e a herança colonial britânica. Escritos tanto em língua ioruba quanto no idioma do colonizador, os relatos de Soyinka demonstram a força de resistência da religião e dos costumes tradicionais de seu povo. Suas últimas obras abordam a desilusão com as lideranças autoritárias e a corrupção que marca a cena política dos países africanos após a conquista da independência.

Em sua Trilogia do Cairo, o egípcio Naguib Mahfouz acompanha a trajetória de três gerações de famílias egípcias desde o fim da Primeira Guerra Mundial até a ascensão do líder nacionalista e pan-arabista Gamal Abdel Nasser, em 1954. Os personagens da obra do escritor, divididos entre a lealdade ao glorioso passado egípcio e a simpatia pelos valores do colonizador britânico, fazem emergir os grandes dilemas enfrentados por esse Estado milenar marcado por grandes desigualdades sociais. Defensor da liberdade política e da tolerância religiosa, Mahfouz teve várias obras banidas em sua própria terra natal.

No caso da sul-africana Nadine Gordimer, é o olhar do colonizador que se volta para a situação de injustiça da qual se alimenta. Seu principal romance, *O pessoal de July*, narra a fuga de uma família branca, assustada com a violência da revolta de

> Soweto (um enorme subúrbio negro da República Sul-Africana), para a aldeia natal de July, um de seus empregados negros. A narrativa desta e de outras de suas obras revela a violência e a hipocrisia que sustentaram o regime racista do *apartheid*, mas conserva a esperança de uma convivência pacífica das novas gerações.
> Um negro, um árabe, um europeu. Três vozes de uma literatura engajada na construção de uma África mais justa e tolerante, que seja capaz de enfrentar o desafio de assimilar sua enorme diversidade.
>
> (Fonte: adaptado de *Mundo – Geografia e Política Internacional,* ano 8, n. 3. p. 8.)

Africanos no Brasil

Não se sabe exatamente o número de escravos trazidos ao Brasil entre os séculos XVI e XIX. Estimativas indicam que cerca de 3,5 milhões de negros africanos foram trazidos para o Brasil no período. A dificuldade de se estabelecer um número exato decorre principalmente de dois fatores: a entrada de escravos "contrabandeados" e porque muitos documentos sobre a escravidão foram intencionalmente queimados logo após a Proclamação da República (1890), tentando com isso apagar nosso passado escravista.

A introdução de grupos negro--africanos no cenário demográfico do Brasil Colônia e primórdios do período imperial obedeceu às necessidades da expansão das atividades econômicas. Assim, já no século XVI, a mão de obra escrava vinda do continente africano já estava presente na agroindústria açucareira no Nordeste, em áreas do atual estado de Pernambuco e da região do Recôncavo Baiano. Em seguida, durante os séculos XVII e XVIII, escravos africanos foram introduzidos como mão de obra nas lavouras de algodão no Maranhão.

Com a decadência da lavoura canavieira no Nordeste (séculos XVII e XVIII), novos escravos e outros deslocados das regiões nordestinas decadentes passaram a ser utilizados na região das Minas Gerais e do Planalto Central Brasileiro. No século XIX, durante o período que antecedeu a proibição do tráfico negreiro e a

África – Terra, Sociedades e Conflitos

Abolição, um contingente expressivo de mão de obra escrava foi utilizado nas lavouras de cana-de-açúcar e café no Rio de Janeiro e na primeira fase da expansão do ciclo cafeeiro paulista.

Esse enorme contingente humano, que de forma compulsória e desumana foi trazido ao Brasil, por conta de seus aspectos culturais, pode ser dividido, de forma muito genérica, em dois grandes troncos etnoculturais: os de cultura sudanesa e os de cultura banta.

Os primeiros, originários da África Ocidental, proximidades do golfo da Guiné, vieram de áreas onde se situam atualmente países como a Nigéria, Gana, Togo, Benin, Costa do Marfim, entre outros. As populações negro-africanas desse grupo foram introduzidas no Nordeste brasileiro, principalmente na área do Recôncavo Baiano.

O outro grande grupo, o de cultura banta, bem mais numeroso, é originário das porções centro-sul e leste, abrangendo áreas da bacia do Congo, Planalto dos Grandes Lagos e regiões costeiras do Índico. Uma parte considerável dos escravos dessa vasta área veio de territórios das antigas colônias portuguesas de Angola e Moçambique.

Vale ressaltar que o enorme contingente de escravos trazidos para nosso país pertencia a diferentes culturas e regiões do continente africano. Algumas dessas diferenças culturais se acentuaram, mas a maioria delas se perdeu por conta dos contatos estabelecidos entre elas.

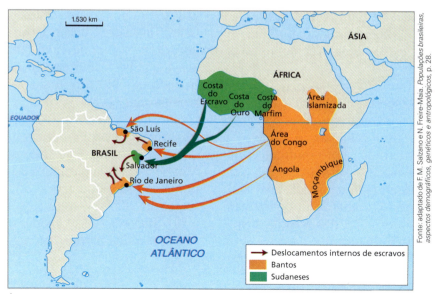

Áreas de origem do elemento negro-africano

Visão panorâmica de um continente

Em 1872, quando se realizou o primeiro recenseamento no Brasil, a população negro-africana correspondia a cerca de 20% do efetivo total do país. Dezoito anos depois, em 1890, essa participação havia diminuído para pouco menos de 15%. Na primeira metade do século XX, a participação do grupo diminuiu ainda mais, atingindo cerca de 10%.

Essa crescente diminuição é explicada por uma combinação de fatores, dentre os quais quatro merecem destaque. Primeiramente, o fim do tráfico negreiro e o conjunto de leis que gradativamente aboliram a escravidão, fatos que encerraram a entrada de africanos no país. Além disso, contribuiu decisivamente o processo de imigração europeia que, da segunda metade do século XIX às duas primeiras décadas do século XX, introduziu milhões de elementos brancos ao conjunto da população.

Também não se pode ignorar o avanço da miscigenação, especialmente entre brancos e negros, cujo tipo humano, o mulato, é considerado por muitos como uma espécie de marca registrada da identidade nacional. Provavelmente, os mulatos se constituam na maior parte dos mestiços (que o IBGE denomina pardos), cuja participação no conjunto da população tem crescido constantemente. Segundo o recenseamento de 2010, os pardos representavam quase 43%, os pretos 7,6% e os brancos, quase 48% da população brasileira.

Os dados obtidos em censos anteriores não retrataram efetivamente a composição da população segundo a cor. O que aconteceu é que a ideologia da "superioridade racial do branco" levou muitas pessoas "de cor" (preta ou parda), quando inquiridas pelos pesquisadores, a negarem sua condição e declararem-se brancas. Desejavam, com isso, ter maior aceitação social no quadro da "democracia racial" brasileira.

À guisa de curiosidade, no censo de 1980, os recenseadores do IBGE listaram um rol de mais de 120 "cores" utilizadas por negros e mulatos para se autoidentificar. Tais cores foram descritas, por exemplo, como amorenada, acastanhada, agalegada, alva-rosada etc. No fim, todas foram recenseadas como "pardas".

No que se refere à composição por cor das grandes regiões do país, os principais fatos referem-se à elevada participação dos brancos nas populações do Sul (cerca de 80% do total regional) e do Sudeste (aproximadamente 60%), e a dos pardos nas regiões Norte e Nordeste.

África: muitas ou uma só?

Por causa da grande extensão e da diversidade de paisagens naturais e humanas, pode-se dividir o continente africano de várias maneiras. Uma delas usa como critério as zonas térmicas do mundo. Assim, teríamos uma África tropical, que corresponderia à enorme extensão do continente (cerca de 70%) contida entre os dois trópicos e a África "temperada", situada ao norte do Trópico de Câncer e ao sul do Trópico de Capricórnio.

Um outro critério de divisão é o climático, mais precisamente a distribuição das chuvas. Teríamos então uma África seca, abrangendo o Saara e os desertos do sudoeste do continente (Kalahari e Namíbia), e uma África úmida ou mais ou menos úmida, no restante do território. Como a anterior, essa regionalização pouco contribui para o entendimento da evolução humana e econômica do continente.

Por sua vez, se usarmos como critério as características étnicas da população, teremos genericamente outras duas "Áfricas": uma branca, situada na porção

África branca e África negra

Visão panorâmica de um continente

setentrional e povoada por populações de origem camita, semita e berbere; e uma negra, do deserto do Saara para o sul, habitada por grupos negro-africanos, como os sudaneses, os bantos, os pigmeus e os bosquímanos. Ainda que se levem em conta os aspectos históricos da ocupação do espaço geográfico, essa regionalização, além de conservar a lembrança dos episódios da época da captura de africanos para servirem como escravos, não permite a compreensão das recentes transformações socioeconômicas que vêm ocorrendo no continente.

Embora guardando similaridade com a divisão anterior, na atualidade, é cada vez mais aceita a divisão do continente numa África do Norte, que abrange a costa mediterrânea e expressivas extensões do deserto do Saara, e uma África Subsaariana, isto é, toda porção do continente situada, de forma genérica, ao sul do grande deserto. Essa regionalização tem como mérito reconhecer a importância cultural da expansão da civilização árabe-islâmica na África do Norte, e permite também melhor caracterização das condições sociais, econômicas e geopolíticas do continente na atualidade.

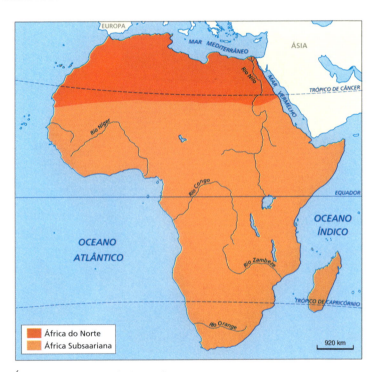

África do Norte e Subsaariana

Pobreza no centro e "desenvolvimento" nos extremos

Nenhuma região da África é exatamente desenvolvida quando se considera que este é o continente mais pobre do mundo. No final da primeira década do século XXI, as 53 nações africanas continuavam gerando um PIB inferior ao brasileiro – o que representa pouco mais de 1% de toda a riqueza mundial. Em números relativos o continente não gerava sequer 3% das riquezas mundiais, denotando a fraqueza econômica dos países que o compunham.

Ainda assim, duas áreas se destacam como núcleos de maior prosperidade. Uma delas é o extremo sul, graças à presença da República Sul-Africana, único país verdadeiramente industrializado do continente e que produz aproximadamente um quarto do PIB africano. O avanço econômico se apoiou na exploração de valiosos recursos minerais, em especial o ouro, e em tecnologias avançadas de cultivo da terra. A vitalidade da economia sul-africana acabou estendendo sua influência para países vizinhos por meio de acordos comerciais e projetos de infraestrutura.

Embora menos robustas, as economias da África do Norte (Egito, Argélia e Líbia, principalmente) também se desenvolveram acima da média do continente por conta da extração de petróleo e gás natural. A renda obtida com as exportações impulsionou algum crescimento da indústria e do setor de serviços.

OS QUATRO MAIORES PRODUTORES DE PETRÓLEO DA ÁFRICA	
PAÍS	MILHÕES DE BARRIS/DIA (2009)
NIGÉRIA	2,21
ARGÉLIA	2,12
ANGOLA	1,95
LÍBIA	1,79

Fonte: *Energy Information Administration*, 2010.

Modelo agroexportador

De forma geral, a África só aparece no mercado internacional como fornecedora de uma pauta limitada de itens agrícolas tropicais ou de minérios. Como são naturalmente baratos, pois possuem baixo valor agregado, esses produtos não atraem muitas divisas para as nações. Os bens agrícolas africanos também encontram pouco espaço nos países desenvolvidos, por conta das estratégias de protecionismo postas em prática especialmente pelos países mais desenvolvidos. Em consequência, o conjunto da região contribui com uma parcela muito pequena do comércio mundial, e as trocas entre os países do continente são insignificantes.

O período colonial explica, em parte, a fragilidade econômica da África. Nessa época, o continente entrou no circuito econômico mundial como fornecedor de matérias-primas agrícolas e minerais, tão necessárias para sustentar o progresso material das potências colonizadoras situadas na Europa. Com isso, a tradicional agricultura de subsistência ficou grandemente comprometida, já que as melhores terras passaram a ser utilizadas para as *plantations* – propriedades voltadas para o cultivo e exportação de bens tropicais – de café, cacau, amendoim e algodão.

A independência das colônias africanas não alterou o modelo agroexportador e a maior parte do cultivo continuou abastecendo o mercado mundial. Ao mesmo tempo, o crescimento demográfico da população do continente, especialmente o da África Subsaariana, tem sido bem maior do que o incremento na produção doméstica de alimentos, já que os melhores solos ficam reservados às culturas de exportação.

Para tornar esse quadro ainda mais desolador, somam-se as técnicas rudimentares e não adequadas, as catástrofes climáticas e os conflitos que desorganizam ou inviabilizam a pequena agricultura comercial e de subsistência. Isso vem obrigando os países a importar grandes quantidades de alimentos. A situação é paradoxal: produzem o que não consomem, e consomem o que não produzem.

As exportações concentram-se em itens tropicais (café, cacau, amendoim etc.) ou produtos minerais (ouro, cobre, platina, diamantes, bauxita etc.). Alguns países se destacam pela venda expressiva de petróleo. Os principais fornecedores de gêneros tropicais ficam na África Ocidental, junto ao golfo da Guiné. Por exemplo, quase metade da produção do cacau mundial é originária da Costa do Marfim e de Gana. A especialidade do Senegal é o amendoim, a do Benin é o óleo de palma, e a do Togo é o algodão.

África – Terra, Sociedades e Conflitos

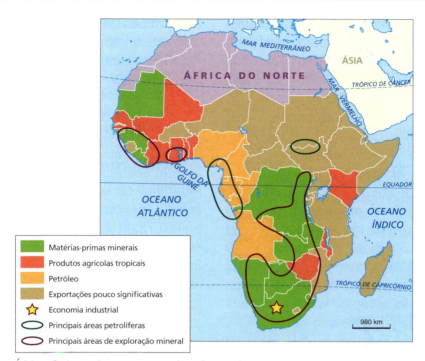

África Subsaariana: economias dependentes de exportações primárias

A exploração mineral é intensa na porção meridional. A República Sul-Africana está entre os maiores produtores de cromo, ouro e minerais do grupo platina. Outros países dessa área também produzem e exportam cromo (Zimbábue), cobalto e cobre (Zâmbia), e urânio (Namíbia), só para ficarmos com alguns exemplos.

O petróleo, por sua vez, é a base de sustentação econômica de várias nações. A Nigéria é o maior produtor do continente, e, na África do Norte, Argélia, Egito e Líbia são também grandes produtores do ouro negro. Na porção subsaariana, além da Nigéria, destacam-se Angola e Gabão, cujas exportações representam quase a metade da receita desses países.

A economia africana e o fator China

Em 2006 realizou-se a primeira Cúpula Sino-Africana, que reuniu em Beijing, nome atual de Pequim, a quase totalidade de chefes de Estados dos países africanos e dirigentes chineses. Essa reunião teve como grande objetivo implementar ainda mais as relações econômicas entre a China e os países do continente africano. Naquela ocasião, um ministro do alto escalão chinês afirmou enfaticamente que "a China precisava da África".

São várias as razões que justificam o grande interesse dos chineses no continente. Primeiramente, deve-se levar em conta que, para a manutenção do alto ritmo de crescimento da economia chinesa, o país necessita importar enormes quantidades de matérias-primas minerais, especialmente energéticas, sendo a África importante fornecedor.

A China também precisa colocar seus produtos em mercados consumidores em expansão, como é o caso do africano, assim como alocar investimentos de seu capital excedente. A agressiva política chinesa de conquista de mercados externos, que já havia atingido a Ásia, os países desenvolvidos e a América Latina, tem se voltado cada vez mais para a África, área do mundo que tem se mostrado como uma nova fronteira para a expansão dos interesses econômicos chineses.

Além disso, a China está cada vez mais imbuída da necessidade de ter apoio internacional para se proteger de determinados questionamentos nos fóruns internacionais, sobretudo em temas ligados aos direitos humanos e respeito à legislação sobre patentes, já que o país é considerado como um líder na "pirataria" intelectual. Nesse sentido, o apoio dos países africanos – e a África é o continente com o maior número de países – é absolutamente essencial.

Por fim, a diplomacia chinesa tenta evitar que mais países reconheçam Taiwan como país, considerado pela China como uma província rebelde desde a vitória comunista de 1949. Desde então, os sucessivos líderes chineses creem que, mais dias ou menos dias, Taiwan retornará "ao seio da pátria-mãe". A crescente presença econômica da China na África teve como resultado o fato de que um número cada vez mais restrito de países tem mantido relações com Taiwan.

Para cumprir esses objetivos, a China tem aumentado a ajuda para o desenvolvimento dos países africanos. Ao mesmo tempo, tem ofertado vultosos empréstimos, cujo pagamento pode ser feito com matérias-primas, tão necessárias à China. A dimensão econômica da presença chinesa na África pode ser avaliada pelo fato de que, na primeira década do século XXI, os chineses passaram do nono para o segundo maior parceiro comercial africano, só superados pelos Estados Unidos, desbancando as antigas potências coloniais europeias.

Além do comércio de bens, os países africanos têm se mostrado um importante destino para os investimentos em áreas da construção civil e mineração. O modelo baseado na oferta de crédito oficial condicionada à contratação de serviços chineses tornou imbatíveis os preços oferecidos pelos chineses.

Todavia, nem tudo são flores nessa relação. Um dos problemas é o desgaste do modelo praticado, que gera endividamento dos Estados africanos, deixando a sensação de que a China, na verdade, pratica um outro tipo de colonialismo, fato que fica evidenciado pela grande utilização de mão de obra chinesa pelas empresas instaladas no continente.

Além disso, a China tem sido constantemente criticada pelo apoio que tem dado a regimes acusados de violação sistemática dos direitos humanos, cujo caso mais emblemático é o Sudão. A forma como a China lidará com esses desafios poderá comprovar se a estratégia chinesa é um tipo de colonialismo com uma nova roupagem, baseado na competição econômica por recursos cada vez mais escassos, ou se essa parceria tem como objetivo o mútuo desenvolvimento.

A União Africana

Apesar de todas as diferenças e da enorme diversidade de problemas, a ideia da unidade de toda a África ganhou novo impulso com a criação da União Africana (UA) em 2002, que veio substituir a Organização da Unidade Africana (OUA), entidade criada na década de 1960, que propunha promover o desenvolvimento político, econômico e social dos países do continente.

A União Africana é integrada por todos os 53 países africanos, com exceção do Marrocos. Além de zelar pela paz e segurança, essa nova organização, que tem como modelo a União Europeia (UE), pretende criar um Parlamento, uma Corte de Justiça e um Banco Central em âmbito continental. A UA também quer atrair mais investimentos externos por meio de um programa de financiamento econômico apoiado pelas potências mundiais, chamado Nova Parceria para o Desenvolvimento Africano (Nepad). Na prática, os obstáculos para a concretização de metas tão ambiciosas não são pequenos. Ainda assim, junto com a UA, renasceu a esperança de que a África possa ter dias melhores pela frente.

Visão panorâmica de um continente

A herança colonial

As fronteiras dos atuais Estados africanos foram traçadas durante a colonização, período em que a Revolução Industrial estava em pleno vapor na Europa e quase 25% da superfície do planeta, incluindo a África, encontravam-se nas mãos de um grupo reduzido de nações europeias.

Até o século XIX a ocupação da África havia sido apenas superficial. A presença europeia no continente limitava-se às proximidades da costa, enquanto o interior permanecia quase intocado, sob o controle de grupos tribais nativos. O domínio colonial só se consolidaria após a Conferência de Berlim (1884-1885), quando as potências europeias sentaram-se à mesa para partilhar entre si o território africano.

Nesse momento, fronteiras políticas surgiram onde antes havia apenas espaços étnicos ou culturais. Como foram traçadas de forma arbitrária, essas linhas ignoraram a realidade sociopolítica preexistente e apoiaram-se em linhas (paralelos e meridianos) ou acidentes naturais como os rios. Os cursos fluviais, em particular, foram de fundamental importância como eixos de penetração por parte dos colonizadores.

Artificiais, esses limites colocaram num mesmo território etnias com longa tradição de rivalidades, que remontam, em certos casos, à época do tráfico negreiro. Na mão oposta, tribos inteiras foram separadas por vários espaços coloniais. Em muitos casos, as metrópoles mantinham a ordem pela repressão ou então por meio da manipulação das rivalidades locais.

As metrópoles europeias criaram ainda divisões administrativas no interior das colônias. Elas tinham funções ligadas à distribuição das forças militares ou ao controle de cidades e enclaves de exploração mineral.

A intangibilidade das fronteiras

No início da Segunda Guerra Mundial (1939-1945) existiam apenas quatro Estados soberanos na África – Egito, África do Sul, Etiópia e Libéria. A descolonização ganhou impulso no final dos anos 1950 e praticamente se completou nos anos 1970, com a independência das ex-colônias portuguesas – Angola, Moçambi-

África – Terra, Sociedades e Conflitos

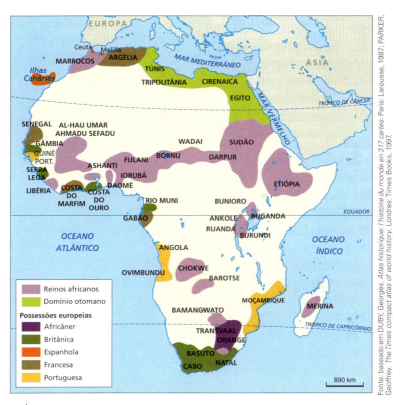

A África no final do século XIX

que, Guiné Bissau, Cabo Verde e São Tomé e Príncipe. Embora não corresponda ao exemplo clássico de descolonização, na última década do século XX a Namíbia se livrou da tutela da África do Sul e a Eritreia se separou da Etiópia. Em 2011, houve a criação de um novo país que surgiu do desmembramento da porção sul do Sudão. A única situação ainda não completamente definida no continente na atualidade corresponde ao Saara Ocidental, antiga colônia espanhola, ocupada pelo Marrocos desde 1975.

O aspecto mais marcante do processo de descolonização da África foi a intangibilidade das fronteiras coloniais. Se elas eram fictícias e cristalizavam os efeitos da dominação europeia, por que os novos líderes africanos decidiram conservá-las? A resposta é relativamente simples: ruim com elas, pior sem elas.

45

Visão panorâmica de um continente

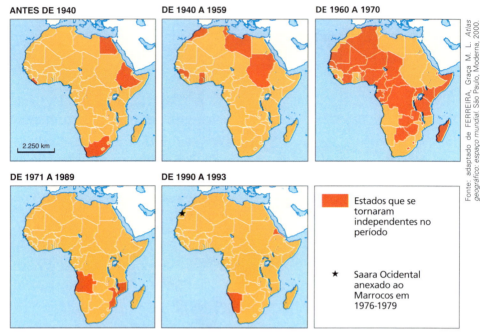

Momentos de processo de descolonização

Em outras palavras, não existe na África um traçado de fronteiras alternativo que consiga dar conta da incrível diversidade de povos ali existente. Se fossem levadas em consideração as divisões etnolinguísticas anteriores à partilha colonial, as centenas de Estados que surgiriam desse processo seriam inviáveis do ponto de vista político e econômico. Daí a conclusão de que a noção ocidental de Estado-nação não faz muito sentido nessa parte do mundo.

Conscientes dessa limitação, as lideranças dos Estados nascentes preferiram manter as fronteiras herdadas do colonialismo, por mais imperfeitas que fossem. Além disso, contestar os traçados das fronteiras coloniais trazia o enorme risco de eclosão de conflitos incontroláveis pelo domínio de territórios, num momento histórico em que já se vislumbrava o potencial das riquezas minerais africanas. A maioria dos líderes africanos da época preferiu não mexer nesse vespeiro.

O custo geopolítico maior da "estabilidade" das fronteiras políticas africanas tem sido a enorme instabilidade interna. Quando as colônias conquistaram a indepen-

África – Terra, Sociedades e Conflitos

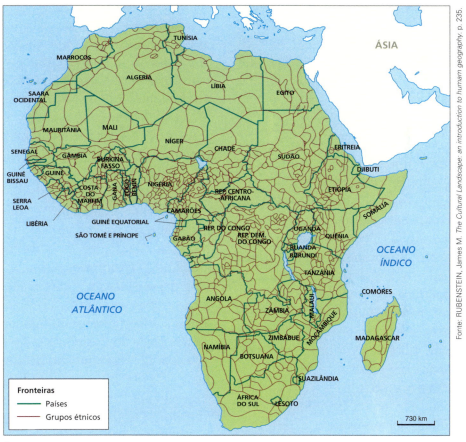

África: divisões étnicas e políticas

dência, as tensões afloraram. A base do poder político-administrativo e econômico transferiu-se para a elite de um grupo étnico que, regra geral, excluiu os demais e exerceu o poder de forma autoritária. O resultado foi a proliferação de tensões internas e, em muitos casos, sangrentas guerras civis.

Novos conflitos, novos personagens

Durante a Guerra Fria, os conflitos africanos adquiriram um forte componente ideológico. Governos e guerrilhas promoviam a guerra com o suporte (financeiro e militar) decisivo da socialista União Soviética ou dos Estados Unidos.

Após o fim da União Soviética, os conflitos mudaram de forma e de conteúdo, como atestam os eventos ocorridos na Somália (a partir de 1992), em Ruanda (em 1994), ou então, em Darfur (Sudão, a partir de 2003). Nesse novo contexto, a afirmação de particularidades étnicas ganhou maior importância.

Ciosos de sua história, religião, língua, cultura, modo de vida, enfim, de sua identidade, alguns povos passaram a se sentir ameaçados pelas comunidades vizinhas. Dessa forma, o domínio sobre grupos rivais passou a ser visto como necessário para sua sobrevivência. Embora esse tipo de conflito, impulsionado por hostilidades étnicas, não fosse novidade, ele se tornou mais frequente e violento – em alguns casos, com o extermínio em massa de um grupo rival. Por essa razão, a explosão de violência em Ruanda ou em Darfur foi considerada genocídio, já que elementos de um grupo propunham exterminar o conjunto da população do grupo inimigo.

Há quem acredite, no entanto, que o componente étnico é apenas o pano de fundo de interesses de outra natureza. A falência dos Estados nacionais surgidos após a descolonização aguçou o apetite de grupos armados sobre as riquezas naturais da África. Por meio da extração de minerais valiosos (como diamante, ouro e petróleo), da pilhagem e do comércio ilegal, esses grupos têm financiado a guerra contra os governos. Como as armas lhes garantem poder, as guerrilhas na África não têm interesse na paz.

Com tudo isso, o bem mais precioso da África (seu subsolo) está matando indiretamente milhões de pessoas, em vez de melhorar as condições de vida no continente. Exemplos emblemáticos dessa situação foram e são, por exemplo, as guerras civis em Angola, Libéria ou na República Democrática do Congo.

Embora ocorram em nações pobres, as potências mundiais acompanham atentamente esses conflitos. Os meios de comunicação veiculam as imagens da guerra e sensibilizam a opinião pública em relação aos sofrimentos da população civil. Por vezes, isso gera pressões pela intervenção, e os governos, especialmente dos Estados Unidos, decidem enviar tropas a esses países alegando motivos humanitários (como foram os casos da Somália e da Libéria) ou a defesa de interesses nacionais (pressões sobre o governo do Sudão, que abrigou durante algum tempo Osama bin

Laden). Em outros casos, a ONU desloca operações de manutenção de paz, formadas por soldados da organização (os capacetes azuis) recrutados em vários países.

Os recentes conflitos na África deram origem ou realçaram a ação de novos e antigos personagens. Se durante a Guerra Fria as figuras mais importantes eram militares ou homens públicos, hoje seus papéis são, de maneira geral, secundários. Três figuras emblemáticas merecem destaque atualmente: o senhor da guerra, a criança-soldado e o refugiado.

O senhor da guerra

Um dos principais personagens dos atuais conflitos na África é o chamado senhor da guerra. Ele não pertence ao grupo que está no poder, mas é muito poderoso. O senhor da guerra é, ao mesmo tempo, um combatente e um traficante. Combatente, pois lidera grupos armados. Suas vitórias lhe dão prestígio e seu interesse é prolongar o conflito o maior tempo possível. De forma inescrupulosa, aproveita-se dos recursos da população civil e, eventualmente, interfere ou impede a ação de organismos internacionais de ajuda humanitária.

É também um traficante, porque participa dos circuitos ilegais de comércio, facilitando o tráfico de drogas, armas e outros produtos, como pedras preciosas. Para os senhores da guerra, as atividades militares e criminais estão intimamente ligadas. Um dos mais importantes senhores da guerra na África foi o líder da Unita, Jonas Savimbi, que durante quase três décadas dominou amplas áreas de Angola, até ser morto em combate em 2002.

A criança-soldado

Um outro personagem dos conflitos atuais é a criança-soldado. Muitas vezes elas têm menos de dez anos e, embora não existam dados confiáveis a respeito, acredita-se que na África existam pelo menos mais de uma centena de milhares delas.

Seu "alistamento" quase sempre acontece de forma brutal. Após ter sido testemunha de atrocidades cometidas contra seus parentes, ela acaba sendo levada, "criada" e treinada pelos algozes de sua família. O desenvolvimento de armas cada vez mais leves pela indústria bélica tem facilitado a ação dessas crianças que, com certa frequência, encaram sua participação nos combates como se estivessem participando de uma brincadeira.

A presença de crianças-soldado foi constatada em mais de uma dezena de países. Além de Serra Leoa, os casos mais graves foram na vizinha Libéria, na República Democrática do Congo, Ruanda e Sudão. A ONU tem tido um papel importante nesses países, na tentativa de reabilitar essas crianças e trazê-las para o convívio das sociedades às quais pertencem.

O refugiado

O "personagem" refugiado não tem sexo nem idade. Ele pode ser um homem, uma mulher, uma criança ou um idoso forçado a deixar o local onde vivia para escapar da guerra e seu cortejo de horrores. Uma parcela significativa deles é composta de refugiados internos, isto é, pessoas que saíram ou foram expulsas de sua cidade ou vila, mas não atravessaram fronteiras internacionais.

O número de refugiados aumentou consideravelmente nas últimas duas décadas. Mas, esse número muda constantemente em decorrência do acirramento de conflitos já existentes ou da eclosão de novos conflitos. Por exemplo, houve um aumento considerável do número de refugiados no norte da África em decorrência das revoltas que ocorreram na Tunísia, no Egito e na Líbia, no início de 2011. Todavia, há ainda um enorme número de refugiados que ainda não conseguiram voltar a seu local de origem mesmo depois do encerramento de determinado conflito. Assim, há um grande número deles em praticamente todas as regiões do continente africano.

Parte 2
África do Norte, limite ocidental do mundo árabe

A África do Norte é tradicionalmente formada por cinco países: Marrocos, Tunísia, Argélia, Egito e Líbia. A região também ficou conhecida por África Branca, em razão da influência do povo e da cultura árabe-muçulmana – resultado da ocupação dos impérios Árabe (séculos VII ao XIII) e Turco-Otomano (séculos XIII ao XIX).

As conquistas dos quatro primeiros califas, nos séculos VII e VIII, introduziram o islamismo nas áreas próximas à costa. Aos poucos, o islã chegou aos povos nômades do deserto e aos pastores da orla semiárida (Sahel) por meio de caravanas que atravessavam o Saara levando ouro, marfim e escravos.

Junto com o islã, os árabes difundiram sua língua, transmitiram seus costumes e ergueram monumentos de imenso valor arquitetônico. A herança social e cultural desse período é tão marcante a ponto de a África do Norte estar bem mais próxima do mundo árabe-muçulmano do que do restante da África.

As semelhanças entre os países norte-africanos são ainda gritantes em relação aos aspectos físicos. Como o deserto do Saara abrange porções variáveis de todos eles, o território regional apresenta vastas áreas desérticas e semiáridas. Consequência: grande carência de água. As áreas um pouco mais úmidas situam-se junto à costa do mar Mediterrâneo, onde a estiagem do verão contrasta com as chuvas regulares e relativamente escassas do inverno.

Nas últimas décadas, a eclosão de movimentos fundamentalistas islâmicos tornou-se um problema sério para algumas nações norte-africanas. A reivindicação popular pela formação de governos regidos pelos princípios do Alcorão, o livro sagrado do islamismo, ganhou força à medida que os regimes civis se mostravam incapazes de combater o aumento da miséria e do desemprego.

Ao mesmo tempo, uma revolução que eclodiu em 1979 no Irã e instalou nesse país a primeira república islâmica do mundo inspirou grupos fundamentalistas islâmicos no Oriente Médio e no

África do Norte, limite ocidental do mundo árabe

Domínios naturais da África do Norte

norte da África, que passaram a lutar pelo mesmo objetivo.

O maior triunfo dos fundamentalistas islâmicos no Egito foi o assassinato do presidente Anuar Sadat, em 1981. Na década de 1990, atentados terroristas atingiram turistas e monumentos históricos. Na Tunísia, a batalha entre o governo e grupos fundamentalistas se intensificou a partir de meados dos anos 1980. O capítulo mais sangrento do extremismo islâmico ocorreu na Argélia, nos anos 1990.

Todavia, no início de 2011, para surpresa dos analistas, ocorreu uma sequência de revoltas das populações de países da região contra regimes autoritários, cujos líderes estavam há décadas no poder. Batizada de "primavera árabe", a revolta derrubou os presidentes da Tunísia e do Egito.

No caso dos dois primeiros países, a queda dos regimes autoritários foram rápidas. Já no caso da Líbia, as revoltas contra o regime ditatorial do coronel Muhamar Kadafi desaguaram numa guerra civil que inclusive envolveu forças da OTAN que apoiaram os revoltosos. O conflito se prolongou por quase todo o segundo semestre de 2011, antes da derrota final do ditador.

Os desdobramentos imediatos das vitórias obtidas pelos revoltosos, especialmente no Egito e na Líbia, aparentemente, indicam que o caminho seguido pelos novos regimes em direção à democracia ainda deverá ser repleto de obstáculos a serem vencidos.

Em busca do "paraíso"

A África do Norte é um dos principais focos de imigração clandestina para a Europa. Anualmente, cerca de 50 mil africanos se aventuram em precárias embarcações nas águas do mar Mediterrâneo para tentar a sorte no Primeiro Mundo. Os pontos de partida são o Estreito de Gibraltar – distante apenas 13 quilômetros da Espanha – e os enclaves espanhóis de Ceuta e Melilla, ambos em território marroquino. A porta de entrada, quase sempre, é a Espanha. O destino final preferido é a França.

Um coquetel de razões bem conhecidas impulsiona esses fluxos "desesperados". Só o desespero explica a opção de africanos que preferem arriscar a vida nessas aventuras (a chance de morte é altíssima) a continuar lutando em seus países para sobreviver às catástrofes naturais, às guerras, à fome, à criminalidade, à repressão política e às intermináveis crises econômicas.

Muitos vêm da porção subsaariana, atravessando, portanto, o grande deserto até chegar à costa do Marrocos. Todavia, boa parte dos africanos ilegais atualmente na Europa é do norte do continente, sobretudo da Argélia e do Marrocos. Nesses casos, a proximidade geográfica, aliada aos antigos laços coloniais com a França, exerce uma atração quase irresistível à emigração.

Por todo o continente europeu, a imigração tem gerado tensões e o aumento da xenofobia. Na tentativa de barrar esses fluxos, a União Europeia vem adotando medidas cada vez mais duras, como o reforço e o policiamento das fronteiras, a checagem mais rigorosa da documentação e a padronização nos procedimentos de admissão de refugiados.

Egito e Líbia

Apenas Egito e Líbia integram a parte mais oriental da África do Norte. O Egito é bem conhecido por suas monumentais pirâmides, pela localização estratégica — tem um pé na África e outro no Oriente Médio — e pela presença marcante do rio Nilo. Já a Líbia foi contemplada com enormes reservas de petróleo, cuja exploração tem propiciado a seus habitantes um ótimo padrão de vida em relação à média do continente africano.

Tensões na terra dos faraós

Foi na Antiguidade que o Egito ganhou a alcunha de "dádiva do Nilo". A célebre expressão, atribuída ao historiador grego Heródoto, enalteceu a condição privilegiada do país, cortado de sul a norte pelo mais extenso curso fluvial da África, o rio Nilo.

Localizado no extremo nordeste da África, no encontro com a Ásia, o Egito tem grande importância estratégica. O país controla o canal de Suez, uma das rotas comerciais mais movimentadas do planeta, que conecta a Ásia à Europa. A tentativa de nacionalizá-lo, em 1956, bateu de frente com interesses franceses e britânicos, levando à chamada Crise de Suez. Além disso, a península do Sinai interliga o território egípcio ao Oriente Médio, envolvendo-o nos conflitos árabe-israelenses – Guerra de Independência de Israel (1948-1949), Guerra dos Seis Dias (1967) e Guerra do Yom Kippur (1973).

Pan-arabismo – De 1952 a 1970, uma época turbulenta da história egípcia, o país esteve sob o comando de Gamal Abdel Nasser. Ele idealizou um modelo econômico que modernizou a estrutura do país, no qual o destaque ficou para a implantação de uma infraestrutura energética, com a construção da enorme usina de Assuã, no rio Nilo.

No cenário externo, Nasser tinha o ambicioso objetivo de unificar as nações árabes num só país e fazer do Egito o grande líder desse novo bloco político. Conhecido como pan-arabismo, esse projeto enfatizava o desenvolvimento econômico das nações e a superação da pobreza. Para isso, era necessário que o Terceiro Mundo se libertasse do domínio ocidental. O Islã, embora presente na retórica nasserista, ocupava um lugar secundário.

O primeiro abalo à sua liderança ocorreu em 1956, com a derrota egípcia na Crise de Suez. Todavia, a credibilidade junto ao mundo árabe foi definitivamente minada após o fiasco militar na Guerra dos Seis Dias (1967), contra Israel. Com sua morte, ocorrida em 1970, os ideais do pan-arabismo perderam força, mas não foram totalmente esquecidos.

A aproximação com o Ocidente e com Israel, promovida por seu sucessor, Anuar Sadat, distanciou o Egito das nações árabes. A ruptura ocorreu em 1979, quando o Egito se tornou o primeiro Estado árabe a reconhecer a existência de Israel ao assinar os Acordos de Camp David.

Desigualdades e fundamentalismo – Internamente, o Egito sofreu as consequências das gritantes disparidades sociais entre a rica e diminuta elite e o imenso contingente de miseráveis que formam o grosso da população. Para piorar, índices persistentemente altos de crescimento vegetativo exercem pressões quase insuportáveis sobre as poucas terras férteis e agravam a concentração demográfica na cidade do Cairo, a caótica capital egípcia – conhecida por suas pirâmides impressionantes, mas também pela péssima qualidade de vida de seus habitantes, por causa de problemas como a poluição, o trânsito, a favelização e a falta de saneamento. A economia do país, baseada na cultura de algodão e na indústria têxtil, depende cada vez mais das receitas geradas pelo setor turístico.

Especialmente ao longo dos anos 1990, a maior fonte de preocupação do governo egípcio passou a ser a ação de grupos fundamentalistas islâmicos. Esses grupos, cuja existência é bem antiga, ganharam algum destaque internacional e têm como objetivo transformar o Egito em um Estado islâmico. Para seus integrantes, o governo egípcio sempre se mostrou subserviente aos interesses do Ocidente, em particular dos Estados Unidos.

O mais grave ataque desses grupos ocorreu em 1997, no sítio arqueológico de Luxor. A chacina de 61 pessoas, em sua maioria turistas europeus, por membros do grupo Giammiaat-i-Islami chocou o mundo e comprometeu a lucrativa indústria do turismo egípcia. Aparentemente, o perigo representado por esses grupos diminuiu bastante com a prisão e execução de suas principais lideranças.

Todavia, no início de 2011, a derrubada do governo de Hosni Mubarak, que estava no poder por três décadas, não foi obra de extremistas religiosos. As multidões que lotaram as praças das principais cidades egípcias exigiam mais liberdade, democracia e que fossem solucionados os graves problemas socioeconômicos que por décadas vinham se perpetuando.

As águas do Nilo e as inquietudes do Egito

O rio Nilo, com seus 6,7 mil quilômetros de extensão, figura juntamente como o Amazonas como um dos dois mais extensos cursos de água do mundo. Entre suas nascentes, na região dos Grandes Lagos africanos, e o grande delta, no Mediterrâneo, os rios que compõem a bacia do Nilo drenam dez países.

No alto vale, onde suas águas fluem pelos territórios de Ruanda, Burundi e Uganda, o Nilo e seus afluentes são alimentados pelas chuvas equatoriais e tropicais. Adentrando o Sudão, atravessa os pântanos de Sudd, onde recebe inúmeros afluentes. Nessa área, o rio corre muito lentamente em razão das condições de solo e relevo, tornando a evaporação muito intensa, o que resulta em balanço hídrico negativo. No Sudd, mais da metade do débito fluvial do rio se perde por evaporação.

Um estudo de 1958 sugeria uma série de ações para aumentar a quantidade de água que chegaria às terras do Egito. A principal ação era concluir a construção do canal de Jonglei, iniciado pelos britânicos no final do século XIX, com a finalidade de fazer o Nilo correr mais rapidamente nos pântanos do Sudd, eliminando a grande curva que o rio descreve nessa região. O aumento da velocidade das águas reduziria os efeitos da intensa evaporação. O plano não foi adiante e o governo egípcio preferiu jogar suas fichas na construção da barragem de Assuã, localizada nas proximidades da fronteira com o Sudão. As obras do canal permanecem inconclusas até hoje.

Nos intermináveis meandros do Sudd

Sudd, do escritor espanhol Gabi Martinez, foi publicado recentemente pela editora Rocco. A obra é, provavelmente, o único exemplo no Brasil de romance que faz dessa região do vale do Nilo o "personagem" principal.

Um navio, reunindo empresários, políticos e representantes de tribos do Sudão, sobe o vale do Nilo a partir da capital sudanesa, Cartum, e segue em direção sul, com a missão de selar a paz entre as regiões norte e sul do país, em guerra há décadas. Só que a embarcação se perde nos labirínticos meandros do Sudd. O argumento desvela a força da natureza nos pântanos do Sudão Meridional e sua influência sobre as relações humanas, até conduzi-las a certas situações-limite. Para escrever o livro, o autor percorreu o Nilo desde as nascentes até o delta, no Mediterrâneo.

África – Terra, Sociedades e Conflitos

O extenso vale do Nilo

Mais ao norte, o Nilo – também chamado de Nilo Branco – recebe pela margem direita o Nilo Azul, um afluente cuja origem se encontra nos altos planaltos da Etiópia. As águas do Nilo Azul aumentam consideravelmente o débito do rio e modificam seu regime fluvial. A partir da confluência desses dois rios, no norte do Sudão, o grande rio não recebe mais nenhum afluente. Assim, parte do médio vale e a totalidade do baixo vale do Nilo, pertencentes ao Egito, são alimentados essencialmente pelas águas originárias do planalto da Etiópia, que formam quase 90% de seu débito.

Por conta de suas condições climáticas, o Egito possui área agrícola aproveitável muito pequena, quase toda ela situada ao longo das margens do Nilo. Além disso, a população egípcia exibe crescimento expressivo. Atualmente, o efetivo demográfico do país é superior a 80 milhões e as previsões apontam para algo em torno de 120 milhões por volta de 2040. Quase 95% das águas do grande rio que percorrem terras egípcias originam-se em países vizinhos.

Aproveitando-se de sua posição de potência dominante da bacia fluvial, o Egito estabeleceu acordos com alguns dos vizinhos meridionais para impedir desvios das águas do Nilo. Mesmo assim, a escassez de água já é uma realidade. Em 1972, cada egípcio consumia 1.600 m³ de água por ano. Em 1992, a cota disponível reduziu-se para 1.200 m³. Atualmente, a disponibilidade de água por habitante é inferior a 800 m³. O grande receio do Egito é que, um dia, em razão de uma maior utilização dos recursos hídricos por parte de seus vizinhos situados à montante (Sudão e Etiópia, principalmente), a escassez alcance um ponto crítico. Em 1979, depois da conclusão

57

da paz com Israel, o então presidente egípcio Anuar Sadat chegou a identificar a água como única causa capaz de conduzir seu país a uma nova guerra.

O aumento da população e o desejo de desenvolvimento econômico por parte dos países que estão à montante do Egito têm originado projetos de utilização dos recursos hídricos da bacia hidrográfica. A Tanzânia e o Quênia, por exemplo, têm declarado que não aceitam qualquer tipo de restrição ao uso de seus recursos hídricos, tanto os do lago Victória quanto do próprio Nilo. Essas declarações são vistas pelos egípcios como assunto que afeta a sua segurança nacional.

O tema da repartição dos recursos hídricos da bacia apareceu quando os britânicos passaram a desenvolver a cultura de algodão no Sudão. Desde sua independência, em 1922, o Egito obtevé da Grã-Bretanha a promessa de que seria indispensável a concordância egípcia para a construção de qualquer obra sobre o Nilo nas possessões britânicas localizadas rio acima. Em 1929, foi fechado um acordo entre o Egito e o Sudão (na época, colônia britânica) de partilha das águas do Nilo. O acordo, contudo, simplesmente ignorou os interesses de outros países e colônias com terras na bacia hidrográfica. Em 1959, firmou-se novo acordo de repartição das águas do Nilo entre Egito e Sudão. Mais uma vez, não se fez nenhuma menção a outros países com terras drenadas pela bacia. Por conta disso, países como a Etiópia, o Quênia e a Tanzânia não se vêm obrigados a justificar o uso de suas águas ao Egito. As autoridades egípcias, por sua vez, interpretam como "atos de guerra" qualquer uso das águas sem o seu consentimento.

O Egito usa quase 85% de seus recursos hídricos para atividades agrícolas, contra uma média mundial de 70%. Confrontado com o dilema da segurança alimentar, o país se esforça para promover programas de reciclagem de água. Ao mesmo tempo, incentiva a ocupação e valorização de áreas desérticas, utilizando água dos lençóis subterrâneos. Isso, porém, revela-se insuficiente. Cedo ou tarde, o país terá que abandonar o sistema de uso gratuito das águas pelos agricultores, encorajando novas técnicas de irrigação que não desperdicem o precioso líquido.

Líbia: o fim de uma longa ditadura

A oeste do Egito está a Líbia, um país inteiramente ocupado pelo deserto do Saara, exceto na estreita faixa costeira, que representa cerca de 5% do território. Essa ex-colônia italiana destaca-se como grande exportadora de petróleo e também pela excentricidade do coronel líbio Muhamar Kadafi, homem forte que vem comandando ditatorialmente o país desde 1969.

Especialmente nos anos 1980, Kadafi notabilizou-se como financiador de grupos extremistas de várias partes do mundo. Por conta disso, o país sofreu sanções econômicas internacionais e tem vivido um certo isolamento diplomático, patrocinado especialmente pelos Estados Unidos e seus aliados da Europa ocidental. Essa situação, no entanto, começou a mudar, devido à gradativa aproximação do coronel Kadafi com o Ocidente.

Um exemplo disso foi a deportação para um tribunal da Holanda, em 1999, de dois agentes líbios acusados de planejar a explosão de um jato da Pan-Americano. O avião caiu em Lockerbie (Escócia – Reino Unido), em 1988, matando 270 pessoas. Em 2001, o resultado do julgamento foi considerado insatisfatório pelos EUA e Reino Unido, que mantiveram as sanções contra a Líbia até que o país assuma a responsabilidade pelo atentado e indenize a família das vítimas. Mais recentemente, Kadafi decidiu abrir o país para a inspeção de suas armas de destruição em massa.

A "lua de mel" entre o regime líbio e o Ocidente se rompeu quando, durante a revolta que eclodiu no país em fevereiro de 2011, levou o governo a reprimir com extrema violência os manifestantes. Informações de que o governo líbio estaria massacrando populações desarmadas nas principais cidades do país levaram o Ocidente a agir, alegando razões humanitárias. Não só foi decretada uma área de exclusão aérea sobre o país, mas também foram feitos ataques às forças fiéis a Kadafi. Em agosto de 2011, o Conselho Nacional de Transição (CNT), o agrupamento de forças que lutava contra o governo de Kadafi, tomou Trípoli colocando em fuga integrantes do regime. Em outubro, depois de oito meses do início do conflito, Kadafi foi preso e, sem nenhum tipo de julgamento, sumariamente executado por seus captores. Caía a mais longa ditadura da África, mas o destino da Líbia continuou cheio de incertezas.

África do Norte, limite ocidental do mundo árabe

Magreb

A África do Norte tem uma sub-região bem conhecida, o Magreb, que em árabe significa "terra do sol poente". Essa foi a área mais distante, a oeste, atingida pelo islamismo em sua expansão. Três países fazem parte do Magreb: o Marrocos, a Argélia e a Tunísia.

Além de pertencerem ao mundo árabe-muçulmano, Marrocos, Argélia e Tunísia foram colônias francesas até meados do século XX. Em termos geográficos, esses países são cortados pela Cadeia do Atlas, um conjunto montanhoso de formação geológica recente. Sua disposição, *grosso modo*, paralela à costa do Mediterrâneo, funciona como uma barreira natural para as chuvas e mantém a costa fresca e úmida. Nessa faixa litorânea – que abrange quase 85% do território marroquino, 50% da Tunísia e 10% da Argélia – estão as principais cidades e a maior parte da população.

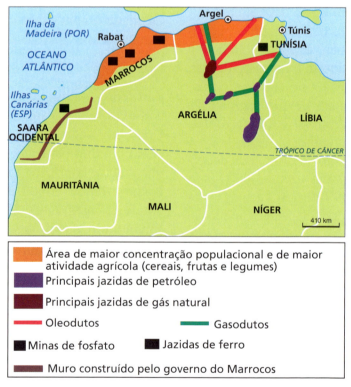

A região do Magreb

A Argélia na encruzilhada

A Argélia quase se tornou a segunda república islâmica do mundo, seguindo os passos do Irã. Mas um golpe de Estado, em 1992, anulou as eleições gerais que sinalizavam a vitória folgada dos fundamentalistas islâmicos. Os militares temiam uma onda extremista por todo o norte da África e até mesmo na França, onde vivem pelo menos 600 mil argelinos – razão pela qual o Ocidente acabou tolerando o golpe. A manobra, no entanto, desencadeou uma guerra civil que durou uma década e vitimou cerca de 100 mil pessoas.

Ex-colônia francesa, a Argélia só obteve a independência em 1962, depois de oito anos de uma terrível guerra de libertação. A França resistiu até as últimas consequências, porque a Argélia era uma colônia especial, como que uma extensão de seu próprio território. Lá viviam milhões de camponeses franceses – os chamados *pieds-noirs* – que imigraram com o estímulo do governo para cultivar os vales férteis da costa mediterrânea. Com a emancipação, deixaram às pressas o solo africano e tiveram de ser repatriados.

Após a independência, a Frente de Libertação Nacional (FLN), que liderou a luta anticolonial, instaurou um regime de partido único. Por mais de 30 anos, a FLN esteve à frente do poder na Argélia. Seu governo nacionalizou empresas petrolíferas, promoveu reforma agrária e aproximou-se politicamente da União Soviética. Nos anos 1970, a Argélia viveu o seu milagre econômico, impulsionado pela alta nos preços do petróleo. A fragilidade do modelo adotado, porém, ficou evidente em meados da década de 1980, com a depreciação dos preços do chamado ouro negro.

No final dos anos 1980, a crise econômica e a derrubada dos regimes comunistas no Leste Europeu tiveram influência na abertura política promovida pela FLN, que permitiu a participação de outros partidos no processo eleitoral. O mais importante deles foi a Frente Islâmica de Salvação (FIS), constituída por fundamentalistas islâmicos que objetivavam estabelecer um governo regido pelas leis do Alcorão. A população, insatisfeita com a deterioração de suas condições de vida, viu nos ideais islâmicos uma saída para seus problemas.

A FIS venceu as eleições municipais de 1990 e logo se transformou na principal aglomeração de oposição à FLN. Nas prefeituras que conquistou impôs a charia, o severo código de conduta muçulmano, e lançou campanha contra a influência ocidental. A aprovação ao projeto da FIS se confirmou no primeiro turno das eleições legislativas, em dezembro de 1991. O partido obteve a maioria absoluta das cadeiras do Parlamento. Foi então que os militares decidiram anular o segundo turno da eleição para impedir sua vitória, praticamente certa. Um Alto Comitê de Estado, dirigido por Muhammad Boudiaf, tomou o poder em janeiro de 1992 e baniu a FIS do cenário político.

A repressão desencadeou uma autêntica guerra civil, na qual os grupos fundamentalistas enfrentam o governo e promovem sangrentas campanhas de terror contra a população civil. Em junho de 1992, a guerrilha matou o presidente Boudiaf. Intelectuais e outros formadores de opinião, alvos preferenciais da guerrilha, acabaram buscando refúgio no exterior, privando o país de sua elite pensante. Ao longo da década de 1990, a situação do país se deteriorou de tal forma que muitos órgãos internacionais passaram a considerar a Argélia como um dos países mais perigosos do mundo para se viver.

A troca de governo, em meados de 1999, trouxe à Argélia perspectivas reais de solução para quase uma década de conflito. O novo presidente, Abdelaziz Bouteflika, venceu as eleições com a promessa de pacificar o país e reconstruir a economia. Quase metade da população argelina vive abaixo da linha da pobreza, um terço é analfabeta e o desemprego atinge cerca de 30% da força de trabalho.

Bouteflika lançou um programa de "concórdia civil", centrado na anistia aos guerrilheiros que abandonassem a luta armada e na sua reintegração à vida política. A proposta foi aprovada com quase 100% dos votos em plebiscito realizado em 1999. Um dos principais grupos em atividade no país, o Exército Islâmico de Salvação (EIS), braço armado da FIS, aceitou a anistia em 2000. Desde então, as ações da guerrilha prosseguem restritas ao Grupo Islâmico Armado (GIA) e outras facções menores que recusaram o entendimento com o governo.

Ao longo da primeira década do século XXI, a situação do país pareceu relativamente estabilizada. Contudo, questões estruturais como a pobreza e o alto desemprego, especialmente entre a população jovem, que corresponde a uma grande parcela da população, ainda continuam sem solução.

O Marrocos e o Saara Ocidental

Outro foco de tensão geopolítica no Magreb é o Saara Ocidental, antiga colônia espanhola, muito rica em fosfato e alvo de disputa entre o governo marroquino e clãs nômades do deserto que formam a população nativa (saharauís).

Os saharauís lutam pela independência desde meados do século XX. Em 1967, quando o Saara Ocidental ainda pertencia à Espanha, eles criaram um movimento pela emancipação, conhecido como Frente Polisário. Mas quando a Espanha deixou a região, em 1976, o Marrocos e a Mauritânia ocuparam o Saara Ocidental, frustrando o plano dos saharauís e provocando o conflito que persiste até hoje. Em 1979, a Mauritânia desistiu de suas reivindicações. O Marrocos imediatamente anexou a fatia deixada pelos mauritanos.

Há algum tempo o conflito entrou numa espécie de impasse. A Frente Polisário não conseguiu expulsar os marroquinos, e estes foram incapazes de vencer a guerrilha. Cristalizaram-se áreas sob o controle de cada um dos lados. Enquanto a Frente Polisário manteve o domínio da faixa interior, menos povoada, o Marrocos ficou com as cidades mais próximas do litoral e as áreas de exploração do fosfato.

No entanto, para controlar essa faixa do Saara Ocidental, o governo marroquino precisou construir oito muros defensivos, com uma extensão de 300 quilômetros cada um, e deslocar 200 mil soldados para a "fronteira". Se, de um lado, a monarquia usou a guerra para promover a união interna, por outro, tem sido obrigada a gastar cerca de 20% de seu orçamento com a ocupação do Saara Ocidental.

Depois de inúmeras tentativas internacionais, em 1991, os dois lados aceitaram a proposta das Nações Unidas de realizar um referendo, transferindo para a população a decisão sobre o futuro do Saara Ocidental. Só que a ideia tem encontrado imensos obstáculos, especialmente no que diz respeito a quem estaria apto a votar.

O governo marroquino deseja que toda a população residente no território participe da votação. A Frente Polisário pretende limitar esse direito apenas aos habitantes registrados pelo censo realizado em 1974. Isso impediria a participação de dezenas de milhares de marroquinos que, estimulados por seu governo, imigraram em grande número para a região. Depois de mais de trinta anos, a questão do Saara Ocidental continua sem solução.

Parte 3
África Subsaariana: pobreza, riquezas e tragédias

A extensa área que vai do Sahel (norte) até o extremo sul do continente forma a região conhecida como África Subsaariana, onde se situa a maioria dos países africanos. Nessa vasta área, não existem verdadeiros Estados nacionais, já que quase todos eles nasceram fracos, com instituições políticas ineficazes, governos corruptos, ditatoriais e com fronteiras artificiais e arbitrárias, uma herança da partilha colonial.

A principal marca dos habitantes da África Subsaariana é a diversidade – de grupos étnicos, de línguas, de práticas religiosas, de tradições, de costumes, de valores, enfim, de culturas. O retrato é bem diferente do da África do Norte, onde o islã e o idioma árabe atuam como força aglutinadora. Ainda assim, os povos da África Subsaariana partilham aspectos comuns nada desprezíveis. Em primeiro lugar, a imensa maioria pertence à raça negra. A influência do cristianismo, trazido para a África durante a colonização, é igualmente significativa. Finalmente, um outro traço une os povos ao sul do Saara: a pobreza crônica.

A deterioração das condições de vida é expressa em índices recordes de analfabetismo e mortalidade infantil, nas mais baixas colocações no *ranking* da qualidade de vida (IDH) feito pela ONU, e nas piores rendas *per capita* do mundo.

Para completar, taxas de crescimento demograficamente ainda altas – em torno de 2,3%, o dobro do crescimento médio mundial – têm funcionado como um perverso fator de multiplicação da miséria. A maioria dos Estados se mostra incapaz de sustentar populações numericamente bem maiores do que as existentes na primeira metade do século XX.

Quando desastres naturais, como secas prolongadas, pragas ou inundações juntam-se à violência política interna, originam-se tragédias humanas de grandes dimensões. Seus extremos se manifestam periodicamente na forma de graves crises de fome, principalmente no Sahel (Mali, Níger, Chade, Burkina Fasso), no Chifre da África (Etiópia, Somá-

África – Terra, Sociedades e Conflitos

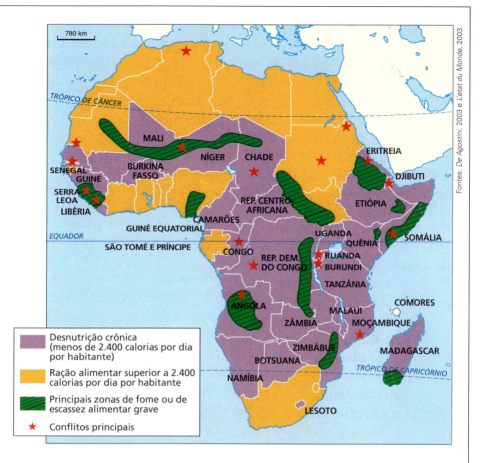

lia e Eritreia) e na África Oriental (Ruanda e Burundi). A Somália é atualmente o país com a maior porcentagem de subnutridos do mundo (75%), segundo levantamento feito pela ONU.

Aids, uma grande tragédia

Desde que apareceu como uma das maiores crises da saúde mundial, a aids se transformou na primeira causa de mortalidade em toda a África. A epidemia tem ceifado mais vidas no continente do que as guerras, os surtos de fome, as catástrofes naturais e outras calamidades juntas.

A aids tem colocado para a África Subsaariana enormes desafios que, por enquanto, estão longe de ser vencidos. Atualmente existem cerca de 25 milhões de pessoas infectadas pelo vírus da aids nessa região do continente africano, correspondendo aproxi-

África Subsaariana: pobreza, riquezas e tragédias

madamente a 2/3 do total de infectados no mundo.

Segundo pesquisas, alguns países da África Austral, como Botsuana, Suazilândia e Zimbábue, poderão ter sua população reduzida nas próximas décadas caso a epidemia não seja contida. As zonas do continente de mais alto risco de propagação são aquelas onde a miséria é maior, especialmente nos paupérrimos subúrbios e favelas das grandes aglomerações urbanas, nas regiões de conflitos e nos campos de refugiados.

A doença não afeta apenas os adultos. Cerca de 70% das crianças infectadas no mundo são africanas, assim como 95% dos órfãos que tiveram seus pais vitimados pelo vírus. Mais da metade dos adultos infectados são mulheres, cuja faixa etária é inferior a 25 anos. Todavia, há esperança de dias melhores: Uganda e Zâmbia vêm conseguindo deter o crescimento da doença.

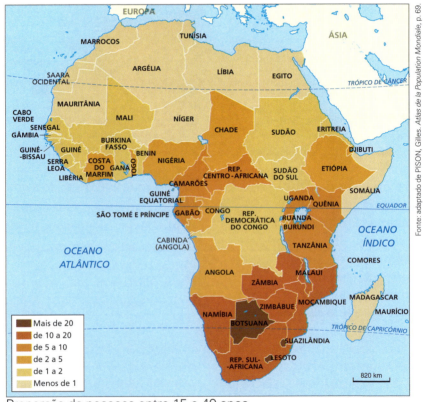

Proporção de pessoas entre 15 e 49 anos infectadas pelo vírus HIV (em %) – 2008

África – Terra, Sociedades e Conflitos

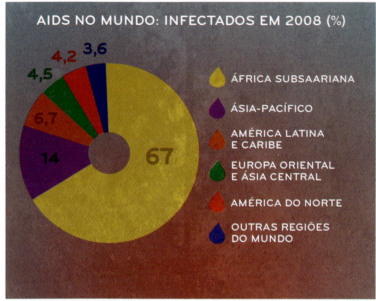

Fonte: Unaids. Global Facts and Figures 2009. Disponível em: http://data.unaids.org/pub/factsheet/2009/20091124_fs_global_en.pdf
Acesso em: fev. 2010.

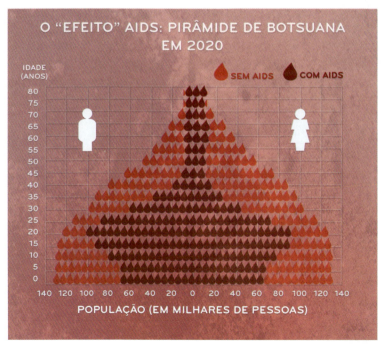

Fonte: *Hérodote*, n. 111, 4º trimestre de 2003, p. 147.

O Sahel e o "Chifre" africano

Imediatamente ao sul do deserto do Saara, localiza-se uma região de transição climática que forma um corredor quase ininterrupto do Atlântico ao mar Vermelho, numa largura que oscila entre 500 e 700 km. Chamada de Sahel, a região funciona como fronteira entre o mundo árabe-islâmico, situado ao norte dessa faixa, e a África Tropical, localizada ao sul.

Uma das características marcantes do Sahel é a irregularidade das chuvas. As terras semiáridas, originalmente recobertas pela vegetação de estepes, estão fragilizadas pela intensa ocupação. Combinadas, as duas variáveis tornam bastante instável o meio ecológico do Sahel, provocando frequentemente a ocorrência de grandes secas. Dois outros fatores, igualmente importantes, fazem do Sahel uma área de tensões permanentes: o crescimento demográfico galopante e as rivalidades tribais.

O extremo leste do Sahel – onde ficam a Somália, a Etiópia, a Eritreia e o Djibuti – ganhou o nome de Chifre da África por causa da configuração da península da Somália, bem parecida com um chifre de rinoceronte. As tensões políticas na região já duram décadas e chegaram a se confundir com as rivalidades da Guerra Fria. Recentemente, as vizinhas Etiópia e Eritreia entraram numa guerra de fronteiras. Na Somália, divisões entre os vários clãs que compõem o país praticamente dissolveram o aparelho de Estado e repartiram o território em poderes autônomos.

Conflitos e tensões no Sahel e Chifre africano

África – Terra, Sociedades e Conflitos

Caos permanente na Somália

A Somália está localizada no contato entre o oceano Índico (golfo de Áden) e o mar Vermelho, bem no caminho dos superpetroleiros que viajam do Oriente Médio até o mar Mediterrâneo pelo canal de Suez. Por conta da posição estratégica, a disputa entre as potências coloniais pelo controle da região foi acirrada. Os britânicos dominaram o norte da Somália (Somalilândia) e os italianos ficaram com o centro e o sul da Somália atual. Os franceses, por sua vez, controlaram o vizinho Djibuti.

Independente desde a década de 1960, a Somália sempre esteve submetida a pressões pela desintegração política e territorial. Todavia, a guerra que eclodiu no início da década de 1990 é difícil de ser compreendida. Curiosamente, o conflito opõe dezenas de grupos tribais que pertencem à mesma etnia (98% dos habitantes do país são somalis). A religião também não é a princípio um fator de discórdia, já que a esmagadora maioria da população professa o islamismo.

A etnia somali, composta originalmente de pastores nômades, divide-se em grandes clãs que, por sua vez, estão atomizados num sem-número de subclãs, subgrupos e famílias. Os somalis também são encontrados em países vizinhos como Etiópia, Quênia, Djibuti e Sudão.

As diferenças entre os clãs, que acabaram levando ao conflito, são de outra natureza. Nômades se opõem a sedentários, grupos rurais enfrentam grupos urbanos e tribos do norte lutam contra tribos do sul. A essas múltiplas fontes de antagonismo juntam-se os fortes valores guerreiros da sociedade somali. Segundo a tradição, cada homem é, acima de tudo, um combatente.

O estopim da guerra atual foi uma revolta, em 1988, na cidade de Hargeisa (Somalilândia). A brutal repressão por parte do Exército provocou um enorme fluxo de re-

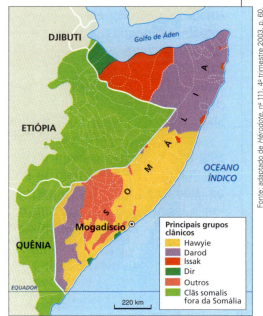

Fonte: adaptado de *Hérodote*, nº 111, 4º trimestre 2003. p. 60.

Somália: principais grupos clânicos

69

África Subsaariana: pobreza, riquezas e tragédias

fugiados para a Etiópia e o Djibuti e fez ruir a frágil estrutura de alianças clânicas. Combates entre vários grupos se alastraram por todo o território nos anos seguintes.

Essas rebeliões levaram à derrubada do governo esquerdista de Siad Barre, no poder desde 1979, e, desde então, o país tem vivido uma situação caótica com uma sucessão frustrada de governos provisórios.

Essa caótica situação levou à fragmentação territorial do país, como atesta a decisão unilateral de proclamação de independência da Somalilândia, até hoje não reconhecida pela comunidade internacional. Para complicar ainda mais a situação, o país enfrenta um terrível surto de fome que já fez milhares de mortos.

Alegando razões humanitárias, os Estados Unidos intervieram no conflito, no final de 1992. A operação militar, chamada Restaurar a Esperança, não conseguiu pacificar a Somália, e as tropas norte-americanas deixaram o país de forma humilhante seis meses depois. A ONU deslocou uma força internacional para a Somália, mas a missão fracassou e os soldados se retiraram em 1995. A partir desse momento, a Somália foi praticamente abandonada à sua própria sorte.

No fim dos anos 1990, a violência estava concentrada no centro e no sul do país. Atendendo às pressões internacionais, em 2000 os senhores da guerra somalis concordaram em participar de uma conferência de paz com o objetivo de criar um governo nacional de transição. Embora instalado, esse governo teve pouca aceitação pelos lados em luta e os combates foram retomados por quase toda a Somália. Em janeiro de 2004, os principais chefes clânicos (com exceção da Somalilândia) assinaram um novo acordo, que previa a instalação de um Parlamento e a futura eleição de um presidente.

Entre 2004 e 2006, milícias radicais islâmicas chegaram a controlar amplas áreas do país. Contudo, a situação continuou caó-

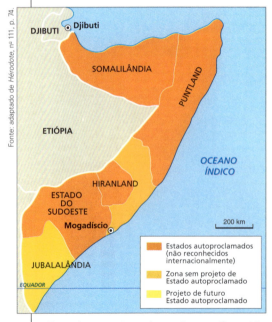

Estados autoproclamados na Somália

Fonte: adaptado de *Hérodote*, nº 111, p. 74.

África – Terra, Sociedades e Conflitos

tica, mas, em 2008, foi aprovado um novo Parlamento que teve reconhecimento internacional pela União Africana e os Estados Unidos. Mas, na prática, o governo central do país controlava apenas pequenos trechos do território e uma parcela da capital que, em seguida, seria invadida por grupos de shahabs, agrupamento político militar formado por radicais islâmicos, alguns deles combatentes estrangeiros ligados à Al Qaeda.

Todavia, esse governo não controlava senão uma pequena área do país e apenas uma parcela da capital, que seria em seguida invadida por grupos de shahabs, um agrupamento político-militar formado por radicais islâmicos. Estes últimos, apoiados pelo governo da vizinha Eritreia, receberam o reforço de combatentes estrangeiros ligados à Al-Qaeda.

Para completar esse quadro de desolação, secas violentas têm atingido o país nos últimos anos, tornando a situação ainda mais dramática para milhões de pessoas. A ajuda humanitária internacional para os flagelados não consegue chegar aos necessitados, pois muitas vezes as milícias armadas não permitem.

Por fim, a falência do estado somali propiciou o surgimento de grupos especializados em pirataria marítima, que têm como objetivo capturar navios com suas cargas e tripulantes e em seguida exigir resgate para a libertação das pessoas e das mercadorias. A tragédia humana em que vive a Somália parece interminável.

Pirataria: velho problema, nova roupagem

Séculos atrás, a pirataria era um negócio de Estado. Apenas monarcas expediam "autorizações" para os corsários praticarem ações de pirataria. Com o passar do tempo, essas ações foram minguando, até ficarem restritas às telas dos cinemas.

Na atualidade, quando mais de 80% do comércio mundial é feito por vias marítimas, a pirataria reapareceu. Primeiro foi no sudeste asiático, na região do estreito de Málaca, entre a península da Malásia e ilhas da Indonésia. Mais recentemente, os piratas modernos passaram a agir junto às rotas marítimas do Índico, golfo de Áden e mar Vermelho, aproveitando a situação de desgoverno em que vive a Somália desde 1991.

Quase 20 mil navios passam pelo estreito de Bab el Mandeb anualmente, área não muito distante das costas da Somália.

A pirataria se tornou a principal fonte de renda do país. Muitos dos piratas da área, que se intitulam guardas costeiros, dizem estar defendendo os mais de 3,3 mil km das águas territoriais do país, invadidas anualmente por navios de várias procedências que ali pescam sem autorização. Muitos navios também têm utilizado as águas da região para ali depositarem lixo tóxico. Lançar lixo tóxico nas águas da Somália é muito mais barato do que realizar seu tratamento na Europa.

Nos últimos anos, centenas de atos de pirataria foram registradas em todo o mundo, mas desde 2006 os que se verificam nas proximidades da Somália quase chegam à metade desses atos. Por isso, foi criada uma expressiva frota internacional para coibir a pirataria na área.

Em 2008, mesmo com uma numerosa força marítima internacional vigiando a costa somali, os piratas conseguiram sequestrar dezenas de navios. Na maior parte dos casos eles não pretendem ficar com as mercadorias, mas exigem o pagamento de resgate pelo navio, suas mercadorias e tripulação. Foi o caso do superpetroleiro de bandeira saudita Sirius Star, que transportava US$ 200 milhões em barris de petróleo.

Apesar de os piratas da região serem originários de um dos países mais pobres do planeta, utilizam a mais moderna tecnologia para conseguir seus objetivos.

O Sudão e suas crises

Após o grande ciclo das independências dos países africanos, que durou dos anos 1950 até a metade da década de 1970, surgiram apenas mais dois países: a Namíbia e a Eritreia. A primeira se desligou da República Sul-Africana, país que a manteve sob seu domínio desde o final da Primeira Guerra Mundial e a segunda se tornou independente em 1993, após um longo e complexo conflito separatista com a Etiópia.

Como já vimos, no processo de descolonização africana, uma regra de ouro sempre foi mantida: a da intangibilidade das fronteiras herdadas do colonialismo. Todas as vezes que se tentou quebrar essa regra ocorreram graves conflitos, cujo exemplo mais emblemático foi a tentativa de separação da região sudeste da Nigéria, no final da década de 1960. A frustrada criação do país chamado Biafra vitimou mais de 1 milhão de pessoas.

África – Terra, Sociedades e Conflitos

Por esse motivo, causou surpresa quando, em 2011, um novo país africano se incorporou ao conjunto da comunidade das nações. Trata-se do Sudão do Sul, que surgiu como resultado do separatismo da porção meridional do Sudão. O novo país surgiu de um referendo realizado em janeiro de 2011, fruto de um acordo firmado em 2005, cujos resultados revelaram que quase 99% da população da região sul do Sudão decidiu pela independência.

O Sudão, tal como nos acostumamos a ver por muito tempo nos mapas da África, tornou-se independente em 1956, após se libertar da Grã-Bretanha. Com um território de 2,5 milhões km² era o mais extenso dos países do continente.

O Sudão e o Sudão do Sul

Situado inteiramente na zona intertropical, é dividido em dois grandes domínios naturais. O primeiro, localizado no centro-norte do país, é marcadamente árido e semiárido. O centro-sul apresenta características tropicais úmidas com a presença de savanas e florestas densas. Ambas as regiões têm em comum amplas áreas drenadas pelos rios da bacia do Nilo.

O Sudão possui uma população superior a 40 milhões de habitantes, sendo que no Sudão do Sul estão cerca de 8,5 milhões de pessoas, mais ou menos 20% da população sudanesa. No norte do Sudão, onde se situa a capital, Cartum, a população é majoritariamente árabe, professa o islamismo e desde a independência

73

esteve no comando dos destinos do país. No Sudão do Sul, cuja capital é Juba, a população é formada dominantemente por grupos negro-africanos pertencentes a dezenas de grupos étnicos que, em sua maioria, segue o cristianismo ou crenças ancestrais (animismo). As condições sociais tanto do Sudão quanto do Sudão do Sul são lastimáveis.

As tensões e conflitos que assolaram o Sudão desde a independência são decorrência da histórica clivagem natural, étnica e cultural do país, à qual se associou mais recentemente a exploração do petróleo como vetor de instabilidade. Essa matéria-prima energética, que é o principal produto de exportação do país, tem suas jazidas principais concentradas no sul do Sudão. Como o Sudão do Sul não possui acesso ao litoral, dependerá quase totalmente do Sudão para exportar o petróleo.

A guerra civil no Sudão, considerada como o mais longo conflito do continente, teve duas fases. A primeira delas, de 1956 a 1972, e a segunda, bem mais cruenta, teve início em 1983, com o surgimento do movimento guerrilheiro liderado pelo Exército Popular de Libertação do Sudão (EPLS) e se estendeu até 2005.

O estopim da rebelião foi a decisão de Cartum em tornar o árabe a língua oficial e impor a charia, lei islâmica, em todo o país, fato que provocou revolta das populações do sul. A exploração de petróleo no sul também trouxe à tona a insatisfação com a marginalização econômica da região. O EPLS passou a exigir uma fatia maior da riqueza nacional para o sul.

Na década de 1990, o governo do Sudão, sob a liderança do general Omar al-Bashir, no poder desde 1989, foi acusado de dar guarida a grupos islâmicos radicais, e, por conta disso, o país passou a sofrer um embargo comercial decretado em 1998.

A guerra civil vitimou cerca 2 milhões de pessoas e provocou a fuga de outros 4 milhões. Um acordo de paz, assinado em janeiro de 2005, encerrou formalmente o conflito, com a concessão de um alto grau de autonomia para o sul, a instalação de um governo local e a formação de um governo de união nacional com a participação de integrantes do EPLS.

Os dois lados concordaram, em linhas gerais, sobre a questão da distribuição da receita obtida com a exploração do petróleo, mas um acordo definitivo ainda esbarra em obstáculos, como a demarcação da fronteira final norte-sul e a localização de campos petrolíferos que cada lado alega estar em seu território.

A criação do Sudão do Sul quebrou uma regra que poderá

incentivar ou desencadear movimentos separatistas – e eles são muitos – em outros países com características mais ou menos semelhantes às do Sudão. Situações como essa não estão restritas apenas ao continente africano.

O genocídio em Darfur

A província sudanesa de Darfur é mais um capítulo nas crises que afetam o país. Elas tiveram início quando rebeldes do Movimento de Libertação do Sudão (MLS) e do Movimento por Justiça e Igualdade (MJI) começaram a atacar posições do governo, em fevereiro de 2003.

Na raiz do conflito está a disputa por terra, água e poder em Darfur, envolvendo pastores nômades de origem árabe e tribos sedentárias negras, tradicionais habitantes da região. Tanto o MLS como o MJI surgiram nessas comunidades rurais de fazendeiros. Eles afirmam que o governo central oprime e discrimina as populações negro-africanas em favor dos pastores árabes. Também pegaram em armas contra a marginalização econômica, política e social de Darfur, e, seguindo o exemplo da guerrilha no Sul, passaram a exigir autonomia e maior acesso às riquezas nacionais.

Cartum reagiu duramente e desencadeou uma campanha militar e policial na região. Para auxiliar as forças do exército, o governo mobilizou milícias paramilitares árabes, conhecidas como *janjaweed*. Essas milícias são responsáveis diretas pela crise humanitária em Darfur, que já vitimou pelo menos 200 mil pessoas e forçou a fuga de aproximadamente 2 milhões para campos de refugiados no interior da província e para o território do Chade, país ocidental vizinho do Sudão.

Como em outros conflitos contemporâneos, os civis têm sido o alvo preferencial das atrocidades dos *janjaweed*, sob o pretexto de que apoiam e servem de suporte para as forças rebeldes. Em seus relatos, os refugiados de Darfur contam como, após bombardeios aéreos do governo, os *janjaweed*, sempre montados em cavalos ou camelos, invadem as vilas, promovendo execuções em massa, estuprando as mulheres, destruindo, pilhando e roubando tudo ao seu alcance.

Tanto os Estados Unidos como organizações humanitárias e de direitos humanos classificam de genocídio e limpeza étnica o que está ocorrendo em Darfur. Embora negue, o governo sudanês é acusado de delegar aos *janjaweed* a tarefa suja de exterminar e expulsar, de forma deliberada e sistemática, as populações negro-africanas da região.

Após um período de apogeu, em 2003/2004, o conflito diminuiu em intensidade e número de mortes. Ao mesmo tempo, ele se tornou mais complexo por causa da proliferação de grupos rebeldes que passaram a lutar entre si por território e influência. Tanto o MLS quanto o MJI se fragmentaram em linhas étnicas e tribais.

Quando um acordo de paz, mediado pela União Africana (UA), foi selado em 2006, existiam ao menos 13 grupos rebeldes em Darfur. Como apenas uma facção principal assinou a paz com o governo central, esse tratado fracassou logo de início. Uma nova onda de violência tomou conta de Darfur promovendo choques entre grupos rebeldes contrários e favoráveis ao acordo, além do envolvimento dos *janjaweed*.

Para tornar a situação ainda mais caótica, o conflito em Darfur abalou as relações do governo sudanês com o vizinho Chade, com ambos os países acusando-se mutuamente de apoiar e armar grupos rebeldes rivais. Incursões militares na fronteira entre Chade e Sudão alimentam temores de que a crise em Darfur possa evoluir para uma guerra regional.

A crise em Darfur vem despertando enorme preocupação na comunidade internacional, com a produção incessante de relatórios, documentos e reportagens denunciando a tragédia que ali se desenrola. Mas até o momento, a profunda comoção mundial não se traduziu numa determinação efetiva de intervir.

Nenhuma grande potência ou organização militar tem se mostrado disposta a enviar tropas para colocar um fim ao conflito. A China, que compra 60% do petróleo sudanês e vende armas para Cartum, joga um papel decisivo no Conselho de Segurança da ONU, bloqueando sanções ao Sudão.

A comunidade internacional tem sido mais eficaz no *front* humanitário. Milhões de vidas foram salvas graças ao trabalho de organizações internacionais que vêm oferecendo abrigo provisório aos refugiados de guerra e prestam socorro imediato às populações feridas e/ou ameaçadas por doenças, epidemias e pela fome.

E, após anos de negociações, o Conselho de Segurança da ONU finalmente autorizou, em julho de 2007, o envio de uma missão de paz ao país, a Unamid, que se uniu às forças dos 7 mil soldados da União Africana (UA). Contrário a qualquer tipo de intervenção ocidental no conflito, por considerar uma violação à sua soberania nacional e uma "re-colonização" do território sudanês, o Sudão só cedeu às pressões externas, temendo sofrer duras sanções.

Apesar das esperanças depositadas na Unamid, a percepção geral é de que a saída para o conflito

África – Terra, Sociedades e Conflitos

não é militar, mas sim política – ou seja, nenhuma força externa seria capaz de impor a paz em Darfur. Apenas um acordo entre todas as partes envolvidas poderia levar ao fim dos embates. Mas a retomada do diálogo tem esbarrado na dificuldade em unificar o enorme número de facções rebeldes e trazer seus líderes para a mesa de negociações. Dessa forma, ao lado do governo, a guerrilha também desponta como grande obstáculo para a pacificação da região.

Singularidades da Etiópia

É difícil desvincular a Etiópia das imagens chocantes de seres humanos literalmente em pele e osso. Elas nos mostram a dura realidade de uma nação arrasada pela fome e pela miséria. No entanto, a Etiópia merece atenção também por outros motivos.

O país apresenta aspectos singulares. É o único Estado cristão, no contexto da África Norte-Oriental, que resistiu à expansão do islamismo, dominante em toda sua volta. Juntamente com a Libéria, também escapou à ação do colonialismo. Mais ainda, aproveitou-se das rivalidades entre franceses, britânicos e italianos para incorporar territórios de populações não etíopes e não cristãs no final do século XIX e início do XX. A evolução peculiar faz da Etiópia um verdadeiro mosaico étnico e religioso. Cristãos e muçulmanos, em números equivalentes, correspondem a 90% da população, que conta ainda com 10% de animistas.

Esse conjunto de "exclusividades" da Etiópia está na origem de conflitos internos entre seus grupos nacionais e dos confrontos bélicos com dois de seus vizinhos: a Somália (década de 1980) e a Eritreia (década de 1990).

A vizinha Eritreia é tão pobre quanto a Etiópia e carrega uma longa história de luta contra o domínio etíope. O país foi uma antiga colônia italiana, cedida à Etiópia ao final da Segunda Guerra Mundial. Na década de 1960, movimentos separatistas eritreus ganharam impulso, mas só conseguiram concretizar o sonho de

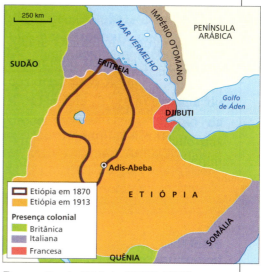

Expansão da Etiópia (1870-1913)

77

independência em 1993. Com a emancipação da Eritreia, a Etiópia perdeu o acesso ao mar Vermelho e se tornou um país interior.

Etiópia e Eritreia estreitaram laços econômicos nos anos seguintes, mas voltaram a se enfrentar em 1998, numa guerra motivada por questões de fronteira. O conflito começou timidamente e se agravou ao longo do ano seguinte, quando as frentes de batalha se estenderam pelos 900 km de fronteira comum. Em maio de 2000, mais de 100 mil soldados etíopes conseguiram penetrar em território eritreu, levando o exército do país ao colapso. No mês seguinte, os dois países aceitaram um cessar-fogo por pressão da comunidade internacional. Como parte do acordo assinado no final de 2000, uma força de paz da ONU patrulhará a fronteira até a resolução de todos os litígios. O conflito matou mais de 100 mil pessoas e deixou quase 2 milhões de refugiados.

Falachas: os judeus da Etiópia

Ao que tudo indica, os falachas, povo etíope de religião judaica, se instalaram há séculos em áreas do norte do maciço da Etiópia, nas proximidades do lago Tana e do rio Atbara, um dos afluentes do Nilo Azul. A história dos falachas tem sido objeto de muitas controvérsias. De maneira geral, eles se consideram descendentes históricos do rei Salomão e da rainha de Sabá. Outras correntes defendem que eles teriam sido convertidos por missionários judeus vindos do sul da península Arábica.

Alguns falachas, nos anos 1970, migraram para Israel e tiveram dificuldades de ser reconhecidos como judeus pelos setores religiosos mais ortodoxos. Durante a aguda crise de fome que afetou a Etiópia em 1984 e 1985, o governo israelense realizou uma ponte aérea (Operação Moisés) que retirou milhares de falachas da Etiópia e os conduziu a Israel. Anos mais tarde, em 1991 (Operação Salomão), cerca de 20 mil falachas foram levados para viver em Israel.

África – Terra, Sociedades e Conflitos

África Ocidental

Entre o Sahel e a costa do golfo da Guiné, no oceano Atlântico, está o chamado Ocidente Africano, cujos limites são a foz do rio Senegal, ao norte, e a fronteira entre a Nigéria e Camarões, ao sul. Essa sub-região da África Subsaariana compreende doze países, todos banhados pelas águas do oceano Atlântico. A região é formada por maciços bastante desgastados pela erosão e por planaltos que se inclinam para a bacia do rio Níger, a principal artéria fluvial de toda a área.

O litoral – ou zona guineense – era recoberto pela floresta tropical pluvial, mas boa parte dessa mata nativa foi destruída. No interior – zona sudanesa – predominam as savanas e a umidade é bem menor. A desertificação avança nessa região por causa de anomalias climáticas e do uso inadequado do solo.

A colonização na África Ocidental foi bem variada. A França exerceu seu domínio sobre o Senegal, a Guiné, a Costa do Marfim e Benin. A Grã-Bretanha colonizou Gâmbia, Gana, Serra Leoa, Nigéria e Togo (colônia alemã até o final da Primeira Guerra Mundial). Portugal ficou com a Guiné-Bissau e Cabo Verde. Já a Libéria, criada por escravos libertos dos Estados Unidos em 1847, foi o único país africano, juntamente com a Etiópia, a escapar da colonização.

Nessa parte da África, as fronteiras traçadas durante o período colonial têm sido particularmente danosas para os países. Diferentes grupos etnoculturais, muitas vezes hostis, convivem no mesmo espaço nacional, enquanto povos de origem comum encontram-se dispersos por mais de um país. A África Ocidental é também uma área de contato de crenças ancestrais (animistas), do cristianismo (introduzido pelos europeus) e do islamismo, difundido pelos árabes através das rotas do Saara e que vem crescendo e renovando seu vigor entre as populações regionais.

África Ocidental: domínios naturais

África Subsaariana: pobreza, riquezas e tragédias

Com as independências (ocorridas após 1958, exceto na Libéria), elites autoritárias e corruptas instalaram-se no poder na maioria dos países, marginalizando grupos rivais e usando o aparelho de Estado e as riquezas nacionais para usufruto próprio. Atualmente, problemas como a degradação ambiental, a criminalidade, a fome, a miséria e os maciços movimentos de refugiados misturam-se com as rivalidades étnicas e potencializam as tensões. Um novo fator tem tornado ainda mais complexo esse quadro: a ganância pela exploração dos recursos naturais da região (diamantes, ferro, madeiras nobres, petróleo, ouro, entre outros), que são o combustível de vários conflitos.

África Ocidental: colonização e descolonização

Por todas essas razões, a África Ocidental, juntamente com a região dos Grandes Lagos, constitui-se atualmente na área mais conflituosa do continente, onde países como Senegal, Gâmbia, Libéria, Serra Leoa, Costa do Marfim e Nigéria estão em conflito aberto ou sofrem de graves tensões geopolíticas internas.

Ecossistemas e etnias no vale do rio Níger

O Níger é o terceiro rio mais importante da África, logo após o Nilo e o Congo. Sua bacia hidrográfica, de mais de 1.000.000 km², abrange vários países do Ocidente Africano. O Níger cruza os territórios da Guiné, do Mali, do Níger e da Nigéria, enquanto seus afluentes drenam pequenas áreas de Burkina Fasso, Costa do Marfim, Benin e Camarões. Com quase 4.200 km de extensão, o Níger percorre diferentes ambientes. Em suas nascentes e alto vale, na Guiné e sudoeste do Mali, a paisagem é tipicamente tropical, com savanas e florestas. A nordeste, ainda no território do Mali, e depois do Níger, o rio atravessa um ecossistema semiárido (Sahel), onde a agricultura é dificultada por conta das chuvas escassas e irregulares.

No médio e no baixo curso, já em solo nigeriano, aparecem as savanas e as densas florestas tropicais à medida que a umidade aumenta. Essas florestas, embora venham sendo devastadas, estendem-se até o grande delta do rio, situado no golfo da Guiné. Três países do vale do Níger – Mali, Níger e Nigéria – são palco de rivalidades étnicas que, periodicamente, degeneram em conflitos armados.

Sem saída para o mar, o Mali e o Níger apresentam baixo padrão de vida e uma história de conflitos entre camponeses negro-africanos da região do vale (denominado "Níger útil") e grupos islamizados nômades e seminômades, que praticam o pastoreio nas áreas desérticas e do Sahel. Os tuaregues do deserto, por sua vez, contestam a autoridade dos governos e têm se negado a reconhecer as fronteiras políticas dos dois países.

Nigéria: a potência regional

A Nigéria é a nação mais populosa da África, com mais de 150 milhões de habitantes. Previsões indicam que, em 2050, o país contará com mais de 280 milhões, cifra que o colocará entre os seis países mais populosos do mundo, ultrapassando o Brasil, que nesse mesmo ano será o oitavo colocado.

No Ocidente Africano, o país se destaca como potência econômica – está entre os maiores produtores de petróleo do continente – e política – lidera a Comunidade dos Estados da África Ocidental, uma organização empenhada em mediar e solucionar os conflitos regionais. Apesar da indiscutí-vel hegemonia, a Nigéria enfrenta graves tensões internas desde sua independência, em 1960.

Criado artificialmente pelos britânicos, o Estado nigeriano é um verdadeiro mosaico étnico composto por mais de duas centenas de etnias e uma geopolítica interna que permite definir duas grandes regiões distintas e tradicionalmente rivais: o norte, majoritariamente muçulmano e politicamente hegemônico, e o sul, dominantemente cristão e animista e economicamente mais próspero.

Três grupos são majoritários no país e se distinguem pela fé religiosa, pela identidade linguística e pelo enraizamento territorial. Ao norte estão os haussas-fulanis (cerca de 32% da população total), adeptos do islamismo. O sudoeste é a área por excelência dos iorubas (aproximadamente 21%). Embora o animismo seja dominante na região, o islamismo teve forte crescimento nas últimas décadas. Curiosamente, os iorubas muçulmanos costumam se identificar primeiramente pela etnia, para depois indicar sua "preferência" religiosa. Por fim, a terceira grande etnia, a dos ibos (mais ou menos 18%), é formada essencialmente por elementos cristãos e têm como área-núcleo o sudeste do país.

O restante da população – algo em torno de 30% – é formado por mais de 200 etnias, várias delas com apenas alguns milhares de indivíduos. Esses grupos têm um papel importante no país, ocupando postos-chave nas Forças Armadas e nos Estados do sudeste, onde ficam as principais jazidas de petróleo e gás natural. Por meio de complexas alianças, eles fazem frente à hegemonia imposta pelas três etnias majoritárias e concentram seus esforços em impedir a implosão da federação nigeriana.

Não por acaso foram essas etnias as principais beneficiadas pelo processo de fragmentação político-administrativa do país. Isso pode ser constatado pelo fato de a Nigéria ter passado de três estados federados em 1960 para mais de 30 na atualidade. A mudança da antiga capital, Lagos (localizada em território ioruba, no sudoeste), para Abuja (situada no centro do país, portanto fora das áreas-núcleo das três etnias majoritárias) indica a importância dada pelo governo central a essas minorias. Isso, contudo, não tem impedido que conflitos esporádicos ocorram entre as várias etnias minoritárias, especialmente na porção sul do país.

Mesmo no interior das áreas-núcleo das três maiores etnias (norte, sudoeste e sudeste) existem minorias étnicas e/ou religiosas. Assim, o norte haussa-fulani é pontuado por inúmeros bolsões de cristãos da etnia ibo, o grupo que mais migrou de sua área-núcleo para outras regiões da Nigéria. A convivência com a maioria muçulmana tem sido marcada por perseguições, verdadeiros *pogroms* anti-ibo.

Apesar de ser pouco maior que o estado de Mato Grosso e cerca de nove vezes menor que o Brasil, a Nigéria apresenta uma divisão político-administrativa maior que a de nosso país. Esse "excesso" de divisões internas reflete as pressões étnicas existentes no interior do país.

Já no sudeste, várias minorias contestam a postura hegemônica dos ibos. Esses grupos, até mesmo, se recusaram a lutar ao lado dos separatistas ibos duran-

África – Terra, Sociedades e Conflitos

As divisões político-administrativas da Nigéria

te a sangrenta Guerra da Biafra (1967-1970). No conjunto ioruba, as rivalidades têm relação com fatos ocorridos no passado colonial, quando grupos negros que viviam nas proximidades da costa capturavam povos do interior para vendê-los como escravos aos europeus. O rancor entre os descendentes dos escravagistas e das vítimas do tráfico ainda hoje é fonte de conflitos e tensões na Nigéria.

Mais recentemente, com o estímulo de países e entidades religiosas do Oriente Médio, o radicalismo islâmico vem crescendo no norte da Nigéria. Contrários ao processo de globalização e ocidentalização desenvolvido pelo governo, esses movimentos recrutam simpatizantes principalmente nas favelas e periferias das cidades do norte. A força dessa tendência é tal que nos últimos anos vários estados da região passaram a adotar oficialmente a charia, que prevê drásticas punições para aqueles que infringirem a lei islâmica.

Essas decisões têm levado periodicamente à ocorrência de violentos choques no norte do país, entre muçulmanos e minorias cristãs. Estas se recusam a viver sob as rígidas regras ditadas pela charia, que considera como crimes o jogo, o consumo de bebidas alcoólicas e o adultério, por exemplo.

Dada a complexidade dos problemas internos e das tensões latentes acumuladas, é quase um milagre que a Nigéria não se tenha desintegrado territorialmente.

Conflitos intermináveis

"A África Ocidental está se transformando no símbolo mundial do estresse demográfico, ambiental e social, no qual a anarquia do crime emerge como real perigo estratégico. Doenças, superpopulação, crime, escassez de recursos, migrações de refugiados, a crescente erosão dos Estados-nação e das fronteiras internacionais e o poder dos exércitos privados, das empresas de segurança e dos cartéis da droga são fenômenos muito bem demonstrados sob o prisma da África Ocidental. [...] Não existe nenhum outro lugar no mundo onde os mapas políticos sejam tão enganosos – e nos contem tantas mentiras – como a África Ocidental. [...]". (Robert Kaplan, *The Coming Anarchy*, 1994.)

Nas palavras do jornalista Robert Kaplan, o mundo caminha para um cenário de caos absoluto. Sua teoria apocalíptica tem como ponto de partida a África Ocidental, que, segundo ele, seria uma espécie de "microcosmo" do nosso planeta num futuro não muito distante.

Ao circular pelas nações da África Ocidental, Kaplan nos

África – Terra, Sociedades e Conflitos

África Ocidental: conflitos e recursos

conta que a falácia das fronteiras nessa região tem uma dimensão peculiar. Elas são tão porosas que, na prática, tudo funciona como se não existissem – com exceção da incrível burocracia para se obter um visto no passaporte.

Kaplan explica que a análise isolada de um conflito nos dará apenas a visão parcial da realidade. Assim, em meados 2003, o foco de conflitos na região foi a Libéria. Em 2002, tinha sido a Costa do Marfim, anteriormente fora a Guiné e, antes ainda, Serra Leoa. Em 2010/2011, novamente a Costa do Marfim voltou às manchetes dos jornais.

Todas as guerras fazem parte de um conflito que se internacionalizou, tendo como ponta de lança a Libéria. O movimento guerrilheiro que ali ganhou fôlego no início dos anos 1990 infectou primeiro Serra Leoa, depois a Guiné e, mais recentemente, a Costa do Marfim. A crise já dura mais de uma década e vem ameaçando o equilíbrio geopolítico da África Ocidental.

Libéria, o epicentro – A Libéria é a mais antiga república da África, pois conquistou sua independência em 1847. Fundada por ex-escravos vindos dos Estados Unidos, o país escapou ao domínio colonial. A elite afro-americana, que representa menos de 5% da população, transformou a Libéria numa história de sucesso – explorando riquezas naturais (madeira, minério de ferro, borracha e diamantes) e fazendo bom uso da ajuda externa, principalmente norte-americana.

Essa situação de aparente tranquilidade começou a degringolar em 1980. Um golpe militar encerrou o longo domínio da minoria afro-americana e trouxe instabilidade ao país. A economia entrou em colapso, com a virtual paralisação de serviços básicos e a fuga em massa de profissionais qualificados para o exterior. Em uma década o PIB *per capita* retrocedeu 75%.

Nesse cenário caótico, surgiu em 1989 a guerrilha de Charles Taylor, um mercenário treinado nos campos de terroristas da Líbia. Seu movimento armado controlou o interior do país, saqueando vilas e espalhando o terror entre a população civil. Os combates se agravaram, até que um frágil acordo de paz, em 1995, abriu caminho para eleições gerais em 1997. Intimidando eleitores, Taylor venceu a votação e assumiu a Presidência.

Conexão Serra Leoa – Sob o comando de Taylor, o conflito na Libéria se propagou para Serra Leoa. O presidente liberiano nunca escondeu as ambições em relação ao país vizinho, que possui importantes reservas de diamantes. Enquanto fazia a guerra na Libéria, Taylor ajudava um velho aliado do outro lado da fronteira – Foday Sankoh – a deslanchar a rebelião contra o governo de Serra Leoa, a partir de 1991. A Frente Revolucionária Unida (RUF) de Sankoh tomou posse das áreas produtoras de diamante e, com o tráfico, os dois senhores da guerra financiavam a luta armada e enriqueciam o próprio bolso.

Na ofensiva rumo à capital de Serra Leoa, Freetown, a RUF matou ao menos 50 mil pessoas, mutilou outras 100 mil e forçou a fuga de milhares de camponeses para as cidades. A queda de Freetown só não ocorreu porque a Grã-Bretanha, em 2000, enviou tropas a Serra Leoa para auxiliar o exército leonês e tropas da ONU ali presentes. A operação conjunta desarmou os bandos rebeldes na capital. Sankoh foi capturado e indiciado por crimes contra a humanidade, morrendo na prisão em 2002. No mesmo ano, o governo declarou o fim da guerra.

A derrota da RUF em Serra Leoa foi um banho de água fria nas pretensões hegemônicas de Taylor. Mas o presidente liberiano não parou por aí, direcionando suas atenções para outro vizinho, a Guiné. A tática utilizada foi praticamente a mesma: deu suporte a um movimento rebelde que atuava no sul do território guineense. Com isso plantou as sementes da sua própria destruição, pois o governo da Guiné não só conseguiu conter a insurreição como passou a organizar e treinar forças anti-Taylor agrupadas no movimento Liberianos Unidos pela Reconciliação e Democracia (Lurd).

A oposição armada avançou pelo território liberiano e a guerra chegou à capital, Monróvia, em meados de 2003. Sob intensa pressão internacional, Taylor renunciou e partiu para o exílio na Nigéria, abrindo caminho para o desembarque da força de paz da Comunidade dos Estados da África Ocidental, liderada pela Nigéria e apoiada por um pequeno contingente de tropas dos Estados Unidos.

Em 2006, Taylor foi capturado na Nigéria e está à disposição do Tribunal Internacional de Justiça de Haia (Holanda), onde aguarda o veredicto de sua pena. Ele foi o primeiro mandatário africano a ser julgado por esse tribunal internacional.

Em 2005, foram realizadas eleições no país, que deram vitória a Ellen Johnson-Sirleaf, que assumiu o governo em 2006. Ela foi a primeira mulher a ser eleita presidente de um país africano.

Em 2011, ela foi uma das três mulheres – as outras foram a também liberiana Leymah Gbowee e a iemenita Tawakull Karmam – a ser laureada com o prêmio Nobel da Paz. Desde que assumiu o poder, Ellen tem tentado conciliar os papéis de "mãe do povo" e "dama de ferro", que foram fundamentais para acabar com a guerra civil que por muitos anos ensanguentou o país.

Costa do Marfim, o último conflito?

A recusa do presidente da Costa do Marfim, Laurent Gbagbo, no poder desde 2000, em aceitar o resultado das eleições realizadas em dezembro de 2010, vencidas pelo opositor Alassane Ouattara, foi o estopim da crise que ora afeta o país. Na verdade, a Costa do Marfim tem vivido em crise há pelo menos duas décadas. As raízes dessa crise estão ligadas à conjunção de fatores geográficos e da evolução histórica desse país que ficou independente em 1960.

Antiga colônia francesa, a Costa do Marfim situa-se na porção ocidental da África. Seu território possui a forma de um quadrilátero no qual podem ser reconhecidas duas grandes regiões. O centro-sul, tipicamente de clima tropical úmido era originalmente recoberto

África Subsaariana: pobreza, riquezas e tragédias

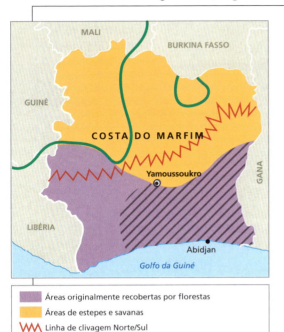

Costa do Marfim: geografia e geopolítica

por florestas, hoje em grande parte destruídas pela ocupação. As plantações de cacau – do qual o país é grande produtor – e café situam-se nessa área.

Na parte setentrional do país o clima é também tropical, mas vai ficando cada vez mais seco em direção norte. Essa clivagem natural induziu a ocupação humana e a valorização econômica bem diferenciada entre essas duas porções do território.

Com cerca de 22 milhões de habitantes, o país chama a atenção pelo fato de sua população estar dividida em 60 grupos étnicos, agrupados em áreas-núcleo mais ou menos bem-definidas pelo território. A essa grande diversidade juntam-se os descendentes de imigrantes oriundos de países vizinhos, que correspondem a cerca de 1/3 da população. Além disso, há ainda o aspecto religioso caracterizado por um relativo equilíbrio entre seguidores do islamismo, mais numerosos ao norte, cristãos concentrados mais ao sul e seguidores de crenças ancestrais.

Em suas primeiras três décadas de existência, o país foi governado, com mão de ferro, por Felix Houphouet-Boigny, líder da luta pela independência. Esse período representou a fase áurea do país, que se tornou o maior exportador de cacau do mundo. A ausência de democracia era compensada pela estabilidade política e pelo desenvolvimento econômico. O país era uma espécie de oásis no conturbado contexto político regional e continental. Mas, os últimos anos do governo Boigny acabaram marcados por crises e exigências de liberdade política.

Em 1993, os novos governantes implementaram políticas em

nome da defesa da nacionalidade marfinense, definindo que só poderiam se candidatar a eleições os cidadãos cujos pais tivessem nascido no país. Essas medidas excluiriam cerca de 30% da população – inclusive o candidato Ouattara – cujos parentes eram originários de Burkina Fasso, país situado ao norte da Costa do Marfim.

A partir de 1999, o país sofreu golpes militares, que degeneraram numa guerra civil em 2000. Em 2002, uma rebelião de grupos étnicos do norte fez com que estes assumissem o controle dessa região. O avanço dos revoltosos em direção ao sul só foi contido por forças da França e da Comunidade dos Estados da África Ocidental, mas o país continuou dividido entre o norte rebelde e o sul governista.

Só em 2007, foi assinado um acordo de paz entre as Forças Novas – denominação dada aos rebeldes – e o governo, e as eleições foram marcadas para 2010. O resultado dessa eleição deu a vitória a Ouattara, mas Gbagbo recusou-se a deixar o poder. A situação levou a um novo conflito, que só foi contido quando as forças de Ouattara, com respaldo de tropas francesas, tomaram o palácio presidencial e prenderam Gbabgo. Seria esse o fim da crise marfinense? Provavelmente, não. O apaziguamento e a reunificação do país são ainda objetivos muito distantes.

Livros e filmes

Em 1974, o escritor inglês Frederick Forsyth publicou o livro *Cães de Guerra*, uma trama sobre uma expedição de mercenários que almeja depor o ditador de uma fictícia república africana – Zíngaro. Livres de qualquer idealismo, tanto os mercenários como seus financiadores (grandes empresas e bancos internacionais) estão apenas interessados em explorar as ricas jazidas do país. Para manter as aparências, no entanto, julgam necessário obter a concessão de um governo mais benévolo do que o do déspota então no poder. A história transita e interliga três universos: o do mundo dos negócios das grandes empresas, o do meio bancário internacional e o do submundo clandestino dos soldados da fortuna, como são denominados os mercenários.

Em 1981, a obra de Forsyth foi adaptada para o cinema, tendo como diretor John Irving. Dois outros filmes recentes tentaram captar as mazelas dos conflitos africanos, misturando ficção e realidade. São eles: **Senhor das Armas** (Andrew Niccol, 2005) e **Diamante de Sangue** (Edward Zwick, 2006).

O primeiro é uma história sobre o mercado negro de armas. Yuri Orlov, um americano de origem ucraniana, vende armas contrabandeadas dos arsenais da antiga União Soviética em violentas zonas de guerra da África Ocidental. Ele luta para escapar de agentes da Interpol, de seus rivais no negócio e às vezes de seus clientes, incluindo sanguinários como o senhor da guerra da Libéria, Charles Taylor.

Já **Diamante de Sangue** se passa no final da década de 1990, em Serra Leoa. A trama começa quando um dos grupos em luta invade a aldeia do pescador Solomon Vandy (o ator Djimon Hounson), capturando-o e forçando-o a trabalhar como garimpeiro num campo de mineração de diamantes. Lá, Solomon encontra e esconde uma enorme pedra.

No momento em que isso acontece, forças do governo tomam o campo e prendem todos que ali trabalhavam. Na cadeia está Danny Archer (o ator Leonardo Di Caprio), um ex-mercenário que contrabandeia diamantes. Danny descobre que Solomon escondeu um grande diamante e, quando os dois são libertados, ele lhe propõe um trato: o diamante enterrado em troca de ajuda para encontrar sua família, desaparecida desde o ataque guerrilheiro à sua casa. Então...

Quase sempre os filmes sobre a África são vistos pela ótica do ocidente "civilizado" em contraposição à "barbárie" africana, uma visão influenciada pela herança da época colonial. Apesar disso, é salutar que Holywood, vez por outra, se lembre das tragédias que afligem o continente.

África Equatorial

Acompanhando mais ou menos a linha equatorial, localizam-se doze países africanos de diferentes tamanhos, desde a imensa República Democrática do Congo (RDC, ex-Zaire), passando pelos pequenos Estados de Ruanda e Burundi, até os minúsculos arquipélagos de São Tomé e Príncipe, no oceano Atlântico, e Seychelles, no oceano Índico. Do ponto de vista populacional, três países – RDC, Tanzânia e Quênia – representam mais de 60% dos habitantes da África Equatorial.

Várias potências europeias colonizaram a região: portugueses (arquipélago de São Tomé e Príncipe), espanhóis (Guiné Equatorial), franceses (Congo e Gabão), belgas (República Democrática do Congo, Ruanda e Burundi) e britânicos (Uganda, Quênia e Tanzânia). Os alemães estiveram presentes na região da atual Tanzânia até o final da Primeira Guerra Mundial. Como ocorre no restante do continente, há uma verdadeira multidão de grupos étnicos em países da sub-região equatorial.

Na região equatorial africana destacam-se dois domínios naturais. O primeiro, localizado na porção centro-ocidental, corresponde ao domínio das terras baixas, drenadas pelos rios da bacia do Congo e recobertas por vegetação florestal densa, muito semelhante àquela existente na Amazônia, conhecida como floresta do Congo.

O segundo, que abrange a porção oriental, corresponde ao domínio das terras elevadas, cortadas por fossas tectônicas resultantes de falhamentos da crosta terrestre. A altitude torna as temperaturas da região mais amenas que aquelas registradas na bacia do Congo. A pluviosidade é menor, fazendo com que a floresta ceda lugar a uma vegetação de savanas. Essas características delineiam a região conhecida como Planalto dos Grandes Lagos.

Paraíso natural, hábitat dos grandes mamíferos da savana e dos gorilas em extinção, a região dos Grandes Lagos africanos tem chamado a atenção mundial por outros motivos. Ali se desenrolam alguns dos mais brutais conflitos étnicos da África Subsaariana. Ruanda e Burundi foram destruídos pela guerra entre as suas duas principais etnias: a maioria hutu, povo de origem autóctone e camponesa, e a minoria tutsi, formada por grupos de pastores vindos do norte. A região abrange ainda a

África Subsaariana: pobreza, riquezas e tragédias

Os domínios naturais da África equatorial

porção leste da República Democrática do Congo, onde é significativa a presença de grupos étnicos similares aos existentes em Ruanda e Burundi.

Catástrofe humanitária em Ruanda

O genocídio que devastou Ruanda em 1994 imprimiu na história do continente africano o trágico recorde de quase 1 milhão de mortos e pelo menos 2 milhões de refugiados em pouco mais de três meses. Tratava-se de praticamente metade da população do país na época.

Os tutsis e os hutus, protagonistas do banho de sangue, dividem um passado de rivalidades anterior à época colonial. O início das hostilidades coincidiu com a chegada dos tutsis à região, no século XV. Povo de tradição guerreira originário da Etiópia, os tutsis dominaram os hutus nativos sob um regime monárquico, embora fossem bem menos numerosos. Para se ter uma ideia, hoje os hutus representam cerca de 90% da população, enquanto os tutsis não passam de 10%.

A hegemonia tutsi se prolongou pelo período colonial, primeiro com o suporte da Alemanha e, mais tarde, da Bélgica, que passou a controlar possessões alemãs na África após a Primeira Guerra Mundial. Mas, em 1959, os belgas acabaram apoiando a ampla revolta hutu contra o domínio tutsi. Três anos depois, em 1962, o país alcançou a independência sob um governo hutu. Em 1973, o general Juvenal Habyarimana instaurou a ditadura e apertou o cerco aos tutsis. Marginalizados na política e na sociedade, muitos fugiram para países próximos, como Uganda.

Após o longo exílio, tutsis reunidos na Frente Patriótica Ruandesa (FPR) invadiram o norte de Ruanda em 1990, exigindo o direito de retorno e representação no governo. Até a assinatura dos acordos de Arusha (Tanzânia), em 1993, o país viveu uma guerra civil intermitente, logo reacesa diante da relutância de Habyarimana em cumprir as determinações previstas no tratado de paz.

Ruanda afundou no caos em abril de 1994, após o ataque com mísseis ao avião do general Habyarimana, que morreu no atentado. Embora sem provas, elementos da etnia hutu atribuíram a culpa aos tutsis e deram início ao extermínio sistemático não só dos inimigos tutsis, mas de hutus contrários à violência. A FPR, por sua vez, se lançou na contraofensiva apoiada pelo governo de Uganda e derrotou os grupos genocidas hutus.

A comunidade internacional demorou para enviar uma missão humanitária ao país. Quando isso finalmente aconteceu, o grosso da matança já havia ocorrido.

Os choques em Ruanda provocaram o mais rápido fluxo de refugiados de que se tem notícia. Centenas de milhares de hutus ruandeses buscaram refúgio no Zaire (atual República Democrática do Congo) e na Tanzânia, temerosos com a possibilidade de represália por parte dos novos dirigentes de Ruanda.

A Frente Patriótica Ruandesa (FPR) formou um governo de transição, com a participação de hutus "moderados" em postos-chave, incluindo a Presidência. Mas a pretendida reconciliação nacional terminou ofuscada pela conduta pró-tutsi do novo governo instalado. Em 2003, o comandante militar da Frente Patriótica Ruandesa, major Paul Kagame, venceu as primeiras eleições realizadas no país, pois desde 1994 não se realizavam eleições.

Desde então, o governo tem se empenhado em promover a reconciliação em campanhas de "desetnização" do país, que colocam a nacionalidade ruandesa acima das divisões étnicas. O próprio Kagame tem feito questão de se apresentar como ruandês – e não como tutsi.

O genocídio deixou como herança uma ferida moral que teima em não cicatrizar. Embora a situação tenha se acalmado, as lembranças dos massacres estão ainda presentes nos corações e nas mentes tanto de tutsis como de hutus.

Para ler e ver

O livro *Uma temporada de facões* – relatos do genocídio em Ruanda, de Jean Hatzfeld (Companhia das Letras, 2005) trata de fatos ocorridos durante o genocídio em Ruanda. Baseia-se em entrevistas feitas pelo autor com indivíduos da etnia hutu que participaram do massacre de tutsis na comuna de Nyamata, situada no sul do país, e que estão sendo julgados por seus crimes. Os facões eram o principal objeto utilizado nos massacres, um instrumento de trabalho cotidiano para as populações locais e que foi usado para "cortar" homens, mulheres e crianças tutsis.

Uma das impressões marcantes que fica dessa leitura é a falta de sentimento de culpa por parte daqueles que perpetraram o genocídio. Anteriormente ao massacre, os hutus entrevistados eram pessoas simples e pacíficas, que não tinham antecedentes de brutalidade e viviam relativamente bem com seus vizinhos tutsis. Hoje, mesmo presos, a maioria sente-se integrada à vida cotidiana como se nada tivesse acontecido.

A franqueza e a serenidade dos assassinos entrevistados ao falar sobre o evento são estarrecedoras. Um deles relatou que seu grupo saía pela manhã cantarolando em direção às áreas onde caçavam os tutsis, que eram procurados até o final do dia. À noite comiam, bebiam, contavam as proezas do dia e lavavam as roupas de sangue. Era apenas um trabalho "menos cansativo que plantar". Outra frase emblemática: "A regra número um era matar. A regra número dois, não havia".

O filme **Hotel Ruanda**, uma coprodução canadense, britânica, italiana e sul-africana, de 2003, dirigida por Terry George, tem como pano de fundo as cem "noites dos facões" e se baseia num fato verídico: a história do hutu Paul Rusesabarigina, gerente de um importante hotel em Kigali, a capital de Ruanda, que por sua determinação em dar abrigo a tutsis em seu hotel salvou as vidas de 1.200 seres humanos. Vencedor de vários prêmios e com três indicações para o Oscar, **Hotel Ruanda** é um filme imperdível, pois lança uma reflexão sobre a fabricação do ódio étnico.

A história se repete no Burundi

Choques entre tutsis e hutus também ocorrem com alguma frequência no Burundi, país localizado na fronteira sul de Ruanda. Até a conquista da independência, em 1962, o Burundi registrou uma história similar à de Ruanda. Foi governado pela monarquia tutsi a partir do século XV e mais tarde colonizado por alemães e belgas, chegando até mesmo a se unificar a Ruanda no final do século XIX.

A última grande onda de violência étnica teve início em 1993, quando oficiais tutsis assassinaram o primeiro presidente eleito do país, o hutu Melchior Ndadaye. Seis meses depois, o hutu Cyprien Ntaryamira, escolhido para a sucessão, morreu no mesmo atentado aéreo que vitimou o presidente de Ruanda.

Havia o temor de que o genocídio ruandês ganhasse terreno no Burundi. Porém ali a guerra foi menos brutal, mas mesmo assim deixou como saldo um grande número de vítimas fatais e um contingente de mais de 500 mil refugiados. Um golpe de Estado instalou os minoritários tutsis no poder, em 1996.

Desde então, o país tem vivido numa relativa estabilidade, tendo aprovado, em 2005, uma nova Constituição prevendo eleições diretas para presidente. No entanto, o processo eleitoral em 2010 foi marcado por acusações de fraudes, intimidação da oposição e violência, o que levou os partidos oposicionistas ao governo a boicotarem o pleito. Apesar das melhorias, o regime de Burundi ainda está distante de ser considerado uma democracia plena.

Conflitos sem fim na RDC

As tensões entre tutsis e hutus em Ruanda e Burundi transbordaram para a vizinha República Democrática do Congo (RDC). O conflito congolês, no entanto, ganhou uma complexidade jamais vista em solo africano, porque a RDC é uma nação de peso.

A RDC possui um dos mais ricos territórios da África Subsaariana. O petróleo jorra no litoral e o subsolo é repleto de minerais valiosos no mercado internacional (ouro, diamante, ferro, cobre, cobalto, manganês e urânio). A bacia hidrográfica do rio Congo, o maior curso fluvial da África em volume de água, se espalha por quase toda a extensão do país. Ela fertiliza o solo, propicia incrível potencial hidrelétrico e funciona como via de transporte eficaz e barata. Os belgas colonizaram o país no século XIX a partir da foz do rio Congo, no oceano Atlântico.

O espaço do país compreende uma zona central pouco atrativa por causa dos pântanos e florestas densas que dificultam a ocupação. Lá, onde vivem grupos étnicos pouco numerosos, localiza-se a capital, Kinshasa. Já as regiões periféricas (Catanga, Kivu, Kasai e Alto Congo) são dinâmicas por conta da exploração mineral e da presença marcante de etnias mais numerosas e politicamente articuladas.

Duas fragilidades geopolíticas saltam aos olhos: a pequena fachada litorânea, que faz da RDC um país quase interior, e o desequilíbrio entre a debilidade econômica das regiões polarizadas pela capital e as periferias dinâmicas. A localização excêntrica da capital demonstra bem essa situação. Como fica distante dos principais polos de exploração mineral e a infraestrutura de estradas, hidrovias e ferrovias é precária, Kinshasa exerce influência apenas sobre terras próximas. Além disso, o país é habitado por mais de 200 etnias sem qualquer sentimento de unidade nacional.

Tanto as riquezas como os problemas estruturais da RDC contribuíram para a eclosão da guerra. Tudo começou em 1994 com a chegada de centenas de milhares de refugiados hutus da guerra em Ruanda à província de Kivu, no leste do país. A presença desses refugiados teve o efeito de uma bomba-relógio sobre o frágil equilíbrio político do país e está na origem da rebelião que derrubou, de forma surpreendente, a longa ditadura de Mobutu Sese Seko, que durou do final dos anos 1960 a 1997.

Na região de Kivu, existem há muito tempo comunidades de tutsis, denominados baniamulenges. Sentindo-se ameaçados pela massa de refugiados hutus (entre eles milhares de milicianos que haviam praticado crimes contra tutsis em Ruanda), lançaram-se, juntamente com forças do governo pró-tutsi de Ruanda, em uma vitoriosa ofensiva contra os campos de refugiados. A operação logo se transformou numa insurreição anti-Mobutu, pois os baniamulenges já vinham há algum tempo insatisfeitos com a forma como eram tratados pelo governo do antigo Zaire. O suporte militar dado por Ruanda e por Uganda aos baniamulengues foi decisivo para o seu sucesso.

À medida que as forças em rebelião avançavam rumo à capital, forjou-se um movimento batizado de Aliança das Forças Democráticas pela Libertação do Congo-Zaire (AFDL), que ganhou a adesão de outros segmentos da população, cansada de décadas de corrupção, inépcia e autoritarismo de Mobutu. Seu líder, Laurent Kabila, não era tutsi, mas chefiava um movimento guerrilheiro contrário ao governo.

África – Terra, Sociedades e Conflitos

A RDC no centro dos conflitos

Em questão de pouco tempo, as províncias minerais de Shaba e Kasai, coração da economia mineral congolesa, caíram sob o domínio da AFDL. A falta de resistência do Exército federal, acuado pelas deserções em massa, permitiu a conquista rápida e fácil da totalidade do território. Quando os guerrilheiros da AFDL entraram na capital, Kinshasa, em maio de 1997, Kabila foi calorosamente acolhido como "salvador da pátria".

Nova fase da guerra – O novo homem forte do país, Laurent Kabila, mal enterrava o antigo regime e já semeava uma nova insurreição. Kabila tentou se libertar da tutela de Ruanda e Uganda, marginalizou a facção tutsi do círculo de decisões e não atendeu reivindicações dos baniamulenges na província de Kivu – controle do governo local, garantias de segurança e reconhecimento de sua nacionalidade congolesa.

Com isso, Ruanda e Uganda armaram mais uma vez os baniamulenges para derrubá-lo do poder. A ofensiva contra Kabila partiu novamente de Kivu, em meados de 1998, e em questão de semanas os rebeldes, agora chamados de Reunião Democrática Congolesa (RCD), controlaram a província. Paralelamente, as Forças Armadas de Ruanda e Uganda lançaram uma audaciosa operação aérea no sul do país. Ocuparam cidades e portos no litoral atlântico e a estratégica barragem de Inga, cortando o fornecimento de água e eletricidade para Kinshasa.

97

Kabila saiu então à procura de socorro militar nos países vizinhos. A RCD se aproximava da capital, quando Zimbábue, Angola e Namíbia (mais timidamente) decidiram enviar tropas para salvar o regime congolês. A intervenção estrangeira expulsou os rebeldes do baixo Congo e equilibrou as forças em luta.

A guerra acabou partindo o território em duas zonas: o oeste, controlado pelo governo com o suporte militar do Zimbábue, de Angola e da Namíbia, e o leste, dominado pelos rebeldes da RCD em aliança com as forças de Uganda e Ruanda. Foi assim que o Congo se transformou num inusitado campo de batalha de pelo menos seis exércitos africanos.

A caótica situação complicou-se com a ruptura entre os governos de Uganda e Ruanda, cujos exércitos passaram a se enfrentar em solo congolês, a partir de 1999. O divórcio dos antigos aliados teve reflexos no movimento guerrilheiro congolês, desmembrado nessa época em três facções: a RCD pró-Ruanda, baseada na cidade de Goma; a RCD pró-Uganda, com sede em Kisangani; e o Movimento pela Libertação do Congo (MLC), também leal ao governo ugandense.

O conflito no Congo perdeu intensidade após o assassinato de Laurent Kabila por um guarda-costas, em janeiro de 2001. Seu filho, Joseph Kabila, de 31 anos, assumiu o comando do país com a determinação de colocar um fim à guerra.

O novo dirigente da RDC assinou acordos de paz com Ruanda e Uganda, que anunciaram a retirada da maioria de suas tropas do leste da RDC em outubro de 2002. Na mesma época, saíram do país os últimos soldados de Angola, Namíbia e Zimbábue, o que praticamente encerrou a intervenção estrangeira na RDC.

Ao mesmo tempo, as negociações com os grupos rebeldes na RDC prosseguiram com a mediação da África do Sul e da ONU. Em dezembro de 2002, os dois lados concordaram com a formação de uma autoridade transitória de unidade nacional, que tomou posse em meados de 2003. A implementação dos acordos passou a ser monitorada por uma missão de paz da ONU.

No âmbito interno, Kabila negociou com os principais grupos rebeldes em luta. Um acordo, assinado em dezembro de 2002, levou à formação de um governo de transição (com líderes rebeldes em postos-chave) e à desmobilização da guerrilha. Seus membros passaram a integrar o Exército federal e a polícia.

Em 2006, a RDC realizou suas primeiras eleições livres em quatro décadas. Potências ocidentais, em especial os EUA, tomaram a dianteira do processo e investiram bilhões de dólares na organização desse evento histórico. Kabila recebeu a maioria dos votos populares e se tornou o primeiro presidente democraticamente eleito desde a independência.

A eleição foi vista como o ponto alto na ambiciosa empreitada de pacificação do país – afinal, poucos países em conflito no mundo receberam tratamento tão privilegiado por parte da comunidade internacional. A República Democrática do Congo conta até hoje com a maior missão de paz da ONU em operação no mundo e uma infinidade de ONGs atuando em variadas frentes de ajuda humanitária.

Mas, apesar do clima de otimismo gerado pelos tratados de paz e pela eleição presidencial, era precipitado afirmar que a RDC teria ingressado numa era de estabilidade e progresso. Em 2007, o leste do país se converteu novamente num campo de batalha, tendo como pano de fundo as mesmas questões que levaram à guerra em 1997.

No centro dos embates estava um renegado militar congolês de origem tutsi, Laurent Nkunda, que se apresentara como o último guardião da comunidade tutsi no leste do Congo e com fortes conexões com o governo de Ruanda. Ele ficou fora dos acordos de paz de 2002. Em vez de integrar suas forças ao Exército federal, Nkunda seguiu lutando contra milicianos e soldados hutus de Ruanda, alegando que eles continuavam espalhando terror no leste do Congo e ameaçando os tutsis com um novo genocídio.

Na tentativa de debelar a rebelião no leste do território, as forças do governo federal acabaram se aliando às milícias hutus. Em 2009, depois de um acordo entre o governo congolês e Ruanda, as forças de Nkunda foram desbaratadas e ele se refugiou em território ruandês, onde vive em prisão domiciliar.

No entanto, os obstáculos para a paz efetiva ainda são grandes, a começar pela árdua tarefa de unificar uma nação com grande extensão territorial, mas praticamente desprovida de uma infraestrutura viária que conecte as várias áreas do país. Um dos principais desafios dos acordos assinados desde 2003 é trazer a paz para as províncias minerais do leste do território. Os interesses de países e empresas transnacionais em relação às estratégicas reservas minerais existentes no país representam um enorme desafio adicional à estabilidade.

Se recentemente a situação do país tem se mostrado relativamente estável, não se pode dizer que a paz esteja assegurada. Tanto isso é verdade que forças da ONU continuam presentes no país, confirmando que a denominada "Guerra Mundial Africana" ainda não tem data para acabar.

Livros e filmes

Polonês de nascimento, Joseph Conrad (1857-1924) viveu grande parte de sua vida na Inglaterra e foi em inglês que escreveu *O Coração das Trevas*, obra considerada como uma das mais importantes da literatura mundial.

Escrito em 1902, o livro tem como tema a viagem, através do rio Congo, ao coração da África feita pelo personagem Marlow, com o objetivo de encontrar Kurtz, um comerciante de marfim que teria sido influenciado pela misteriosa magia do continente africano. Kurtz simboliza a história de um homem "civilizado" que entra em contato com as formas primitivas de vida.

O Coração das Trevas permite várias interpretações, que vão desde a dura crítica ao colonialismo até uma reflexão moral sobre o bem e o mal, aparentemente os pontos centrais da trama.

Em 1979, a obra de Conrad foi adaptada para o cinema por Francis Ford Coppola, com o título **Apocalipse Now**. A ação do filme não se passa como no livro, na África, mas sim nas selvas do Sudeste Asiático, durante a Guerra do Vietnã (1964-1975).

Nessa trama adaptada, o coronel norte-americano Benjamin Willard tem como missão subir um rio do Camboja e matar o também coronel Walter Kurtz, um desertor das forças americanas e que havia criado um exército de fanáticos selvagens.

O filme de Coppola tem uma cena antológica: a chegada de uma esquadrilha de helicópteros norte-americanos para tomar uma aldeia de guerrilheiros vietnamitas (os vietcongs). Um dos helicópteros carrega um alto-falante que executa em alto som "A cavalgada das Valquírias", uma das obras mais importantes de Richard Wagner, compositor clássico preferido de Hitler.

Curiosidades: rodado nas selvas das Filipinas, a produção de **Apocalipse Now** deveria ser finalizada em seis semanas, mas demorou quase um ano e meio. Martin Sheen, o ator que interpretou o coronel Willard, sofreu um infarto e o diretor Coppola tentou se suicidar durante o tempo das filmagens.

Apocalipse Now é considerado, por um enorme número de críticos, um dos mais importantes e alucinantes filmes de guerra de todos os tempos.

Por trás da guerra, um subsolo valioso

A participação de cinco países e vários grupos rebeldes na guerra congolesa teve como pano de fundo a disputa pelas riquezas minerais do território – ouro, nióbio, zinco, estanho, cobre, cobalto, manganês e diamantes, em especial.

Em meados de 2001, a ONU publicou um relatório condenando a exploração ilegal dos recursos na RDC, iniciada de forma sistemática em 1998. O documento apontou líderes rebeldes e governos vizinhos como beneficiários diretos da pilhagem, incluindo a família do presidente de Uganda, Yoweri Museveni.

A ofensiva de Ruanda no leste da RDC extrapolou as alegações de segurança nacional. Além de destruir as bases dos extremistas hutus, o governo tutsi de Ruanda firmou seu domínio sobre as áreas produtoras de ouro e diamante. Ruanda também fechou contratos com companhias internacionais para a extração de minerais estratégicos, usados pela indústria bélica e encontrados na região congolesa de Kivu, situada no leste do país.

As nações aliadas a Kabila deslocaram soldados para a região igualmente atraídas pelas concessões minerais. Em troca do apoio militar, o dirigente congolês sublocou minas para o Zimbábue, Namíbia e Angola.

Dentre as riquezas encontradas na RDC, uma merece um destaque especial: o coltan. Coltan é a abreviatura de columbita-tantalita, uma série de minerais formados pela mistura, em qualquer proporção, desses dois elementos que dão nome ao minério. Até poucos anos praticamente ninguém sabia o que era o coltan.

Dele se extrai o tântalo, metal que apresenta grande resistência ao calor e à corrosão, excelente condutor de eletricidade e maleável. Esse produto tem sido fundamental para o desenvolvimento de novas tecnologias como telefones celulares, *videogames*, câmaras de vídeo, engenhos sofisticados para fins bélicos (mísseis, motores de avião, satélites), implantes e também na indústria aeroespacial.

Os principais produtores mundiais de coltan são: Austrália, Brasil, Canadá, RDC, Ruanda e Etiópia; mas o montante das reservas é ainda desconhecido em todos eles. Sua exploração na porção oriental da República Democrática do Congo está ligada a conflitos por conta do choque de interesses entre países da região (Ruanda e Uganda), senhores da guerra ligados a grupos étnicos e empresas transnacionais para conseguir o controle desse mineral.

As condições de exploração se fazem em regime semiescravo, ocasionando graves impactos ambientais, especialmente sobre a fauna de espécies protegidas, como elefantes e gorilas, sem contar os sérios problemas de saúde das populações devido aos arcaicos e desumanos métodos usados.

África – Terra, Sociedades e Conflitos

África Meridional

Ao sul da República Democrática do Congo e da Tanzânia, estende-se uma importante área do continente africano formada por treze países, entre os quais se destaca a África do Sul ou República Sul-Africana (RSA) que, como já foi salientado, é o Estado mais desenvolvido do continente.

As fronteiras dos Estados da região foram estabelecidas por conta das rivalidades entre as metrópoles coloniais europeias: Portugal, Alemanha, Holanda e, principalmente, Grã-Bretanha.

Por conta de sua posição geográfica, da forma e disposição do relevo, da maior ou menor proximidade dos oceanos e da ação de correntes marinhas, são encontrados nessa sub-região três tipos de paisagens naturais. Nas partes setentrional e oriental estão os domínios tropicais recobertos ora por florestas, ora por savanas e estepes.

Um segundo tipo de paisagem corresponde às áreas desérticas encontradas em amplas extensões do litoral da Namíbia e também em Botsuana, no interior. Por fim, na porção sul da RSA descortinam-se paisagens de características temperadas, cujas feições botânicas apresentam certa semelhança com aquelas que ocorrem na porção mediterrânea da Europa.

A África meridional é a área que, por caprichos da geologia, foi a mais bem aquinhoada em recursos minerais. Esse fator, de indiscutível valor econômico, tem aguçado disputas entre grandes conglomerados transnacionais, assegurado expressivos investimentos na área e contribuído para o incremento das exportações dos países da região.

África Meridional: domínios naturais

103

À exceção da RSA, ocorrem nos países dessa porção do continente praticamente os mesmos problemas encontrados em outras áreas da África Subsaariana, como dependência econômica, pobreza extrema, epidemias, fome e, para completar, conflitos e rivalidades étnicas. O caso que talvez melhor exemplifique essa situação é o de Angola.

Petróleo e diamantes financiaram o conflito em Angola

Os conflitos que ensanguentaram Angola nas últimas décadas se iniciaram em 1961, quando o país ainda pertencia ao império colonial português. Até 1974, os conflitos tiveram caráter anticolonial, opondo movimentos de libertação ao domínio lusitano. Desde a independência, em 1975, o que passou a ocorrer foi uma guerra civil entre o governo angolano – oriundo do principal movimento anticolonial, o Movimento Popular de Libertação de Angola (MPLA) – e a guerrilha da União Nacional para a Independência Total de Angola (Unita) que, até a independência, também combatia o colonizador português.

Localizada na porção sudoeste do continente africano, Angola abrange duas áreas geograficamente distintas. Uma delas é a planície costeira, disposta no sentido norte-sul, com largura que não excede 250 km. Ali se concentra a maior parte da população do país, especialmente em torno das cidades onde se destaca a capital, Luanda.

A outra região geográfica corresponde às áreas interiores, localizadas sobre um vasto planalto que cobre a maior parte do território angolano. Essa região, pouco povoada, abriga populações que, em sua maioria, praticam a agricultura. A distinção geográfica entre essas duas áreas gerou dois tipos de "oposição": litoral × interior e cidade × campo.

Essas dicotomias foram reforçadas durante o longo período em que Angola esteve submetida ao domínio colonial português. A etnia quimbundo (das regiões litorâneas) e os mestiços ou "assimilados", concentrados na região da capital, quase sempre tiveram a preferência dos portugueses, que os escolheram para exercer os postos de trabalho na administração colonial. Já as populações da etnia ovimbundo, radicadas especialmente nos planaltos interiores do centro e do sul do país, permaneceram praticamente marginalizadas pela administração lusitana.

Essa clivagem étnica e geográfica acentuou-se após a independência. Dos vários grupos que lutaram contra o domínio colonial (e entre si também), o que assumiu o poder foi o MPLA. Este grupo, reconhecido pela comunidade internacional como legítimo representante do governo angolano, organizou praticamente toda a estrutura política, econômica e administrativa estatal, tendo por base os "assimilados" e quimbundos. Os líderes da Unita, que não aceitavam ficar submetidos ao governo comandado pelo MPLA, foram apoiados pela etnia ovimbundo, numericamente majoritária no país.

De 1975 ao início da década de 1990, a guerra civil angolana teve caráter nitidamente ideológico. No contexto da Guerra Fria, o MPLA, de orientação marxista, era apoiado pela União Soviética e, para se manter no poder, contou com o auxílio de mais ou menos 20 mil soldados cubanos. Enquanto isso, a Unita era sustentada pelos governos dos Estados Unidos e da República Sul-Africana.

O fim da Guerra Fria e a desintegração da União Soviética provocaram a "reciclagem" do MPLA, que anunciou o abandono da ideologia que até então tinha sido a base de seu regime político. Com isso, houve a transferência do apoio diplomático norte-americano para o governo de Luanda. Ao mesmo tempo, a Unita não só perdeu o apoio dos Estados Unidos como, também, deixou de receber auxílio da RSA, seu maior aliado regional.

A partir de então, a guerra civil passou a ser financiada por dois dos mais importantes recursos econômicos do país. O governo angolano financiou seu esforço de guerra com as exportações de petróleo. A Unita manteve sua luta à custa da exploração de diamantes em áreas que estavam sob seu controle. As pedras preciosas obtidas eram, em seguida, vendidas no mercado negro, fornecendo os recursos para a manutenção do conflito por parte da guerrilha.

Angola está entre os maiores produtores de petróleo da África e também entre os cinco principais produtores mundiais de diamantes. O petróleo responde por cerca de 90% das exportações oficiais do país. Cerca de 2/3 da produção são obtidos no enclave de Cabinda, uma faixa de terra de 7.000 km², separada do restante do território angolano (a 60 km da fronteira norte do país). Por sua vez, a extração de diamantes ocorre principalmente no nordeste do país, em áreas que durante muitos anos estiveram sob o controle da Unita.

Durante a década de 1990 foram tentados acordos entre o governo e a guerrilha da Unita. Em 1994, um acordo, o Protocolo de Lusaka, propôs um governo de união nacional e a vice-presidência do país ao líder da Unita, Jonas Savimbi. No entanto, ele não se dispôs a cumprir o acordo, negando-se a entregar ao governo as regiões produtoras de diamantes e desarmar a guerrilha.

África Subsaariana: pobreza, riquezas e tragédias

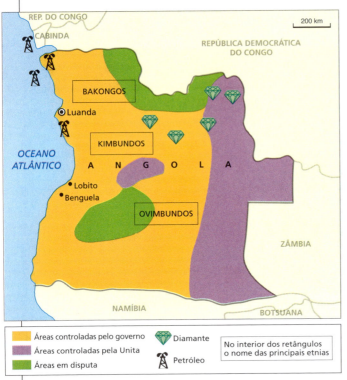

Situação política em Angola (início de 2002)

e exportação de petróleo, especialmente para a China – o país, desde 2007, é o maior fornecedor dos chineses. Cerca de 60% do PIB angolano está ligado ao petróleo.

Desde 1975, a guerra deixou um saldo trágico de meio milhão de mortos, cerca de 4 milhões de refugiados e uma multidão de mutilados, vítimas de minas terrestres. Como uma herança perversa do conflito, estima-se que haja ainda milhões dessas minas espalhadas pelo território do país.

Esperanças de paz mais concretas surgiram no início de 2002, após a morte de Savimbi em combate. A morte do líder enfraqueceu a guerrilha que, em seguida, firmou com o governo um compromisso de cessar-fogo e, em troca, o governo aprovou uma lei de anistia aos guerrilheiros e um plano de integrá-los à vida nacional.

Pouco após o término da guerra civil, a economia de Angola passou a crescer em ritmo acelerado, impulsionada pela extração

África do Sul: o país diferente

A República Sul-Africana (RSA), ou simplesmente África do Sul, não só se diferencia dos demais Estados da África Subsaariana, mas também de todos os países do continente. Essa diferenciação é resultado de uma série de fatores: sua privilegiada posição estratégica, suas potencialidades econômicas, suas características políticas, sociais e culturais.

África – Terra, Sociedades e Conflitos

Único país africano simultaneamente banhado pelos oceanos Atlântico e Índico, a África do Sul se beneficia por estar no trajeto do importante caminho marítimo, a rota do Cabo, usado pelos superpetroleiros vindos do golfo Pérsico que, pelo seu calado, não conseguem cruzar o canal de Suez.

Por sua vez, a RSA é uma espécie de baú de riquezas minerais, concentrando parcelas expressivas de importantes recursos do continente. Esses recursos podem ser classificados em dois grupos. O primeiro deles refere-se a um grupo de minerais raros (ouro, platina e diamante) que, por serem encontrados em pequenas quantidades na superfície do planeta, têm grande valor. O outro grupo engloba uma série de minerais considerados estratégicos, como o urânio, o cobalto e o tungstênio, que têm grande importância para a indústria bélica.

Além disso, a RSA é o país que possui o mais próspero setor agropecuário e a indústria mais desenvolvida do continente, contando, até mesmo, com algumas importantes corporações transnacionais de mineração. Todas essas "virtudes" econômicas fizeram com que a RSA fosse responsável por cerca de 25% do total de riquezas geradas no continente. Finalmente, do ponto de vista estratégico, a influência sul-africana é reforçada pela presença de um exército muito bem equipado e profissionalmente treinado.

Contudo, a principal singularidade do país foi, durante muitos anos, o sistema político e jurídico de domínio de uma minoria branca sobre a imensa maioria da população não branca. Esse sistema, cristalizado num conjunto de leis de segregação racial, recebeu o nome de *apartheid* (que significa "desenvolvimento em separado").

Capetown, a cidade-mãe da África do Sul

A Cidade do Cabo é a expressão concreta de uma convergência peculiar entre a geografia e a história. Localizada numa pequena península no extremo sul do continente africano, Capetown é o segundo maior núcleo urbano (3,3 milhões de habitantes) da República Sul-Africana. Quem chega à cidade, logo vislumbra seu mais importante acidente natural, a Table Mountain (Montanha da Mesa). Este bloco de relevo tabular, de 1.087 metros, pode ser avistado de todos os pontos da cidade. A vista da cidade a partir da Table Mountain é lindíssima.

África Subsaariana: pobreza, riquezas e tragédias

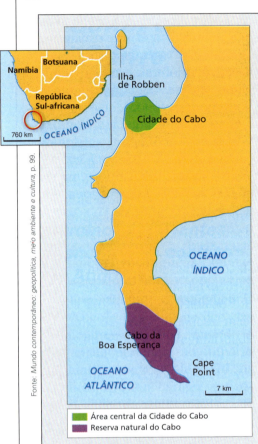

Península e Cidade do Cabo

A cidade e as regiões próximas guardam uma singular mescla cultural e populacional, resultado da superposição e miscigenação de diferentes culturas ao longo do tempo. Aos hotentotes, grupo ancestral que habitava a região, juntaram-se, há cerca de mil anos, povos bantos que se expandiam para o sul. No século XVII chegaram os colonizadores europeus, primeiramente holandeses, que fundaram a cidade e criaram a Colônia do Cabo, em 1652. Calvinistas, esses colonos fugiam às perseguições religiosas movidas contra eles na Europa. Em seguida, chegaram outros colonos protestantes, de origens francesa, inglesa e alemã. Nesse período houve expressiva mestiçagem entre os colonizadores e grupos africanos.

Ato contínuo, foram trazidos escravos, assim como trabalhadores livres, da Malásia, da Indonésia, da África Oriental e do Subcontinente Indiano. Houve também mestiçagem entre esses grupos e os que ali já se encontravam. Do século XIX, quando a Colônia do Cabo passou ao domínio britânico, até os dias atuais, juntaram-se a esse caldeirão étnico-cultural imigrantes europeus de várias nacionalidades e imigrantes vindos de países vizinhos, como Angola, Moçambique e Zimbábue. Vez por outra, estes últimos têm sido vítimas de atos de xenofobia.

Dessa evolução demográfica resultou uma composição populacional bem diversa do resto da África do Sul. Segundo o censo de 2001, os *coloreds* (mestiços, na classificação criada pelo *apartheid* e conservada até hoje) perfaziam

48,2% da população, seguidos pelos "negros" (31,7%) e "brancos" (18,7%). Capetown pode se orgulhar de ser a mais cosmopolita e liberal cidade do país. Um cartão de visita da cidade é o Victória & Alfred Waterfront, antigo cais construído no século XIX e que hoje abriga, além de um grande *shopping* e dezenas de restaurantes, o surpreendente Aquário dos Dois Oceanos.

Os habitantes de Capetown estão cada vez mais empolgados com a Copa do Mundo, que o país sediará em 2010. Já são encontradas nas lojas as camisetas da torcida *bafanabafana*, nome carinhoso da seleção local. Ela divide as vitrines com outra, de cor verde, na qual está escrito *Springboks*, que identifica a seleção de rúgbi, esporte no qual o país sagrou-se campeão mundial em 1995 e 2007. Nelson Mandela é objeto de veneração pela maioria da população, onipresente em estátuas, fotos e camisetas. Frases e citações do líder da luta contra o *apartheid* estão impressos em cartazes e pôsteres nas lojas para turistas.

Nos arredores de Capetown há duas outras atrações: a primeira é o Cabo da Boa Esperança, cerca de 100 quilômetros ao sul. Foi uma emoção especial visitar o *Cape Point* e imaginar, erroneamente, como os navegadores portugueses do passado, que ali se dava o encontro das águas do Atlântico e do Índico. Na verdade, a famosa passagem de Bartolomeu Dias e Vasco da Gama encontra-se cerca de 200 quilômetros a sudeste, no Cabo das Agulhas. A segunda atração é a rota dos vinhedos do Cabo. Nesta área está Stellenbosh, a primeira cidade vinícola edificada por holandeses em 1679. Mais tarde, huguenotes franceses fundaram Franshoek e, em seguida, Paarl. A qualidade dos vinhos sul-africanos é reconhecida mundialmente.

Nelson Bacic Olic – *Diário de viagem, junho de 2008.*

Radiografia étnica e a dinâmica do apartheid

A população da República Sul-Africana é composta de uma minoria branca e de uma maioria não branca formada por negros, mestiços e asiáticos. Os brancos de origem europeia (holandeses, alemães, ingleses e franceses, principalmente) correspondem atualmente a cerca de 12% da população total. Entre os brancos, os mais numerosos são os africâ-

África Subsaariana: pobreza, riquezas e tragédias

ners (antigamente denominados bôeres), que chegaram à porção meridional da África em 1652. Por conta disso, muitos deles se consideram uma espécie de "tribo branca" sul-africana, que desenvolveu um nacionalismo contaminado de ideais racistas.

O restante da população branca tem origens variadas, mas destacam-se os descendentes de britânicos, cuja presença na região passou a ter maior expressão a partir da segunda metade do século XIX. Proporcionalmente, a população branca tende a diminuir cada vez mais porque os não brancos, especialmente o grupo negro-africano, exibem crescimento demográfico bem mais acelerado.

A saga bôer, o *apartheid* e a nova África do Sul

A origem da atual República Sul-Africana encontra-se na colonização da região do Cabo, iniciada em 1652 por protestantes holandeses (bôeres). A colônia passou ao controle britânico em 1814, por decisão do Congresso de Viena. A nova administração declarou o fim da escravidão em 1833, ato que desencadeou o *Grand Trek* (Grande Jornada), a migração de milhares de bôeres em direção aos planaltos interiores da África Austral. Entre 1834 e 1838, os *trekers* lutaram contra tribos africanas e fundaram as repúblicas do Orange e do Transvaal. Essas repúblicas interiores, apoiadas na escravidão e num exacerbado radicalismo religioso, lançaram as bases do que mais tarde seria o *apartheid*.

No final do século XIX, a descoberta de diamantes e ouro nas repúblicas bôeres ati-

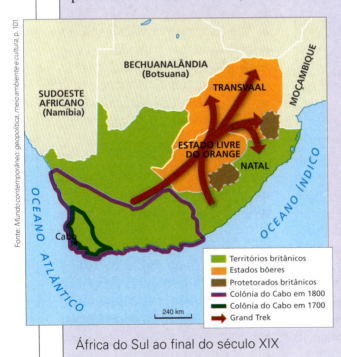

África do Sul ao final do século XIX

Fonte: *Mundo contemporâneo: geopolítica, meio ambiente e cultura*, p. 101.

çou a cobiça britânica e desencadeou uma guerra entre a maior potência mundial e os colonos conservadores da África Austral. A Guerra dos Bôeres (1899-1902) terminou com a derrota do Orange e do Transvaal. Oito anos depois, uma Constituição negociada entre os antigos adversários criou a União da África do Sul, composta pelos territórios britânicos do Cabo e do Natal, mais as antigas repúblicas bôeres.

Por cerca de quatro décadas, o poder ficou nas mãos de políticos brancos mais moderados. Deve-se lembrar que, até 1994, a majoritária população negra não tinha direitos políticos. A evolução econômica do país, o mais rico da África, criou um expressivo mercado de trabalho urbano. Essa situação gerou conflitos entre os africânderes (os descendentes dos bôeres, que falam a língua africâner) e a maioria negra. A defesa da exclusão dos negros e do monopólio dos postos de trabalho pelos brancos levou à criação do Partido Nacional, constituído por africânderes radicais. Influenciado por ideias nazistas, o partido chegou ao poder em 1948.

A partir daí se criou o regime do *apartheid*, baseado em todo um arcabouço jurídico de leis racistas e mantido a ferro e fogo por quase meio século. O sistema de discriminação oficial só desapareceu pela combinação de pressões internas e internacionais, especialmente após o fim da Guerra Fria. Em 1994 foram realizadas as primeiras eleições multirraciais na RSA, que deram a vitória a Nelson Mandela.

Os negros correspondem a pouco mais de 70% da população total. Sob o sistema do *apartheid*, foram classificados em nove grupos etnolinguísticos. Os dois grupos negros mais importantes são os zulus e os xhosas, que compreendem juntos quase metade do total da população negra. Os mestiços (chamados *coloured*) correspondem aproximadamente a 12% do total, enquanto os asiáticos, de origem hindu ou malaia, que chegaram ao país como força de trabalho para as *plantations* de açúcar no século XIX, representam o restante da população.

O racismo foi introduzido no extremo sul da África com a chegada dos primeiros brancos. No entanto, o *apartheid*, transformado em lei, só passou a vigorar

África Subsaariana: pobreza, riquezas e tragédias

como estratégia racista na RSA em 1948, com a chegada ao poder do Partido Nacional.

Durante os quase cinquenta anos em que vigorou, o sistema do *apartheid* criou uma complexa estrutura jurídica cujo objetivo central era o de perpetuar o domínio político-econômico da minoria branca sobre o conjunto da população.

Em sua trajetória histórica, esse sistema atravessou duas etapas distintas. O chamado "Pequeno *Apartheid*" vigorou entre 1948 e 1966. A legislação segregacionista determinava um controle rígido sobre a circulação da população negra no interior do país, sobre os locais públicos que essa população poderia frequentar (praias, áreas de passeio ou recreação, por exemplo) e o tipo de serviço público do qual ela poderia se utilizar (ônibus, sanitários, escolas, bibliotecas). Existiam também outras leis que vetavam casamentos e relações sexuais entre brancos e negros.

Já o "Grande *Apartheid*", que vigorou entre 1966 e 1994, teve como ponto central a criação de minúsculos Estados tribais autônomos, os bantustões, cujas terras ocupavam apenas 13% do território sul-africano. Os bantustões, Estados inviáveis estratégica e economicamente, funcionavam na prática como protetorados internos da RSA e fontes de fornecimento de mão de obra barata.

A estratégia dos bantustões visava desnacionalizar compulsoriamente a população negra, criando, por decreto, uma fictícia maioria numérica branca que justificaria perante a comunidade internacional a legitimidade do regime "democrático" existente no país. Assim, um negro de determinado grupo tribal, ao ser obrigado a transferir residência para um bantustão, perdia a nacionalidade sul-africana e recebia a do "seu" bantustão.

No momento em que os bantustões fossem declarados independentes, a perda da nacionalidade sul-africana atingiria também os negros (do grupo étnico do bantustão independente), que con-

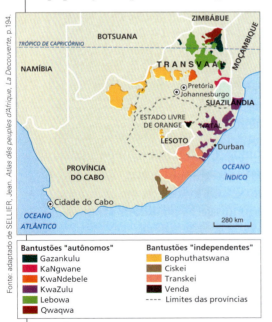

A África do Sul e seus bantustões

Fonte: adaptado de SELLIER, Jean. *Atlas dés peuples d'Afrique*, La Decouverte, p. 194.

112

tinuavam vivendo em território sul-africano. Com base no controle dos brancos sobre os governos tribais dos bantustões "independentes" (a comunidade internacional nunca os aceitou como tal), essa sofisticada estratégia racista do governo da RSA se constituiu numa das mais desprezíveis práticas de manipulação geopolítica do território e da sociedade.

O sistema do *apartheid* desmoronou pela conjunção de diversos fatores. De um lado, as pressões internas para que se promovessem mudanças que levaram até mesmo importantes segmentos da sociedade branca a se manifestar favoráveis à transformação do regime. De outro, as pressões políticas e econômicas exercidas pela comunidade internacional, que havia imposto à RSA um profundo isolamento diplomático. Por último, o fim da Guerra Fria deitou por terra o argumento de que o regime deveria ser mantido para defender o país da ameaça do comunismo.

O *apartheid* foi definitivamente enterrado com a realização das primeiras eleições multirraciais, em abril de 1994. Dos mais de trinta partidos que concorreram, três deles obtiveram juntos cerca de 95% do total de votos. O Congresso Nacional Africano (CNA), um dos partidos políticos, alcançou aproximadamente 65% dos votos, permitindo que Nelson Mandela, o maior líder *antiapartheid* se tornasse o primeiro presidente negro do país. O segundo partido mais votado foi o Partido Nacional, do último presidente da época do *apartheid*, Frederik de Klerk. O Partido da Liberdade Inkhata, defensor da autonomia étnica dos zulus, foi o terceiro mais votado e assegurou seu lugar no novo espectro político-partidário da África do Sul multirracial.

O país que emergiu das eleições de 1994 é bem diferente do que existia anteriormente. A antiga África do Sul tinha seu pilar de sustentação no conceito de etnia, enquanto a que emergiu em 1994 tem sua base assentada sobre a noção de cidadania. A nova realidade política não aboliu o abismo social e econômico entre brancos e negros, mas avalizou a igualdade do ponto de vista jurídico. O fim do *apartheid* veio acompanhado do desmantelamento dos bantustões e da reorganização político-territorial do país.

Províncias atuais da África do Sul

Novos caminhos, novos desafios

Em junho de 1999, a República Sul-Africana realizou a segunda eleição geral desde o fim do *apartheid*. Essa eleição simbolizou o fim da era Nelson Mandela, a principal figura da resistência ao domínio branco no país. O candidato governista, Thabo Mbeki, já exercia o cargo de vice-presidente e vinha sendo o principal responsável pela condução da vida cotidiana do país nos dois últimos anos do governo Mandela. Este, por sua vez, já tinha decidido afastar-se gradativamente das atividades administrativas de governo, abrindo espaço para sua saída definitiva do cenário político, como realmente acabou acontecendo.

Em 2004, foi realizada a terceira eleição pós-apartheid, cujos resultados das urnas apontaram a reeleição de Mbeki. Nos anos que se seguiram o país viveu expressiva instabilidade em sua política interna. Em 2008, acusado de benevolente com a corrupção e escândalos em seu governo, Mbeki renunciou e foi substituído interinamente pelo vice-líder do Congresso Nacional Africano. Em 2009, ocorreu uma nova eleição cujo vitorioso foi Jacob Zuma, antigo vice-presidente de Mbeki, que anos antes havia sido considerado suspeito de corrupção ligada a transações ilícitas.

Muitos anos após o fim do odioso regime racial do *apartheid* e apesar dos avanços políticos, a RSA ainda enfrenta importantes desafios. O principal deles é a persistência do "*apartheid* social". Ainda hoje, grande parte da riqueza nacional está concentrada nas mãos de 20% da população, especialmente de minoria branca.

Outro fator que comprova a situação refere-se aos níveis de desemprego. O número de desempregados entre o contingente negro corresponde a mais ou menos 40% da população economicamente ativa. Entre os brancos, esse índice é muitas vezes menor.

Os níveis de violência e de criminalidade continuam persistentemente altos. Acontecem em média cerca de 50 mortes violentas por dia, uma das taxas mais elevadas do mundo. As estatísticas mostram que, desde de 1994, pelo menos 200 mil pessoas morreram de forma violenta no país.

Outro problema é a disseminação da aids. Com cerca de seis milhões de portadores do vírus HIV, a RSA é um país aonde a doença vem se espalhando com grande velocidade. A RSA possui o maior número de pessoas infectadas entre todos os países do mundo. Em 2010, o governo lançou uma campanha visando a prevenção e o combate à doença, centrada na distribuição gratuita de medicamentos. A campanha também teve como objetivo estimular a realização de testes para detectar o vírus.

Apesar dos graves problemas atuais, se fizermos um retrospecto desses anos da República Sul-Africana sem o *apartheid*, podemos afirmar que as mudanças iniciadas com a eleição de Mandela foram coroadas de êxito. O grande líder sul-africano, com seu carisma e habilidade política, impediu que o país mergulhasse numa espiral de violência entre extremistas, negros e brancos, ou que as rivalidades tribais entre grupos negros provocassem a fragmentação do país.

Levando em conta o padrão africano verificado em situações semelhantes, não fosse a postura equilibrada e conciliatória de Mandela, a África do Sul poderia ter se encaminhado para uma das seguintes situações (ou, talvez, a combinação entre elas): um conflito tribal longo e sangrento (como foi o angolano) ou a desintegração territorial em vários países etnicamente "homogêneos", com a consequente "limpeza étnica" das etnias minoritárias (como ocorreu na Bósnia, uma das repúblicas da antiga Iugoslávia socialista). Afortunadamente, nada disso aconteceu.

A realização, em 2010, da Copa do Mundo de Futebol no país – a primeira realizada no continente africano – de certa forma reafirmou a posição de liderança do país na África. Mas, apesar de tudo isso, a África do Sul ainda está muito longe de conseguir apagar a herança de séculos de opressão racial.

Considerações finais

As imagens da África que chegam ao Brasil quase invariavelmente mostram pobreza, doenças, desastres naturais e multidões de refugiados vagando sem rumo em busca de auxílio e proteção. Com frequência, esses dramas humanos estão associados aos diversos conflitos que ocorrem no continente. Segundo o Instituto Internacional de Estudos Estratégicos de Londres, no início do século XXI, das dezenas de conflitos e focos de tensão no mundo, quase metade deles se verificava na África.

Esse conjunto de fatos criou uma imagem muito pessimista da África, mas deve-se ressaltar que a maioria dos países africanos só atingiu sua independência há pouco mais de 60 anos. Estudos históricos mostram que, no período anterior à chegada dos europeus, existiram importantes reinos africanos que, em certos momentos, apresentavam nível de desenvolvimento superior a muitas nações europeias.

Por sua vez, a África anterior à chegada dos colonizadores europeus não era um paraíso na Terra. Existiam incontáveis rivalidades e conflitos entre as centenas de grupos étnicos, tribos e clãs que lutavam para conservar ou expandir seus territórios. Os conflitos entre os vários grupos africanos se acentuaram por conta do tráfico negreiro, que foi intenso no continente entre os séculos XVI e XIX.

O processo de descolonização gerou enormes expectativas entre as sociedades do continente, levando-as a acreditar que, com a independência, as condições socioeconômicas iriam melhorar consideravelmente. Hoje, cerca de 60 anos depois, alguns números mostram a dimensão do fracasso. O PIB de qualquer país africano é menor do que o brasileiro; o continente possui uma malha rodoviária menor que a de muitos países do mundo; tem as maiores taxas de mortalidade infantil do mundo e os menores índices de IDH; registra, disparadamente, o maior número de casos de aids. Enfim, é o continente que tem ficado praticamente à margem do processo de globalização.

Todavia, deve-se observar que o continente possui um potencial de riquezas ainda pouco explorado. A valorização dos preços das *commodities* e os grandes investimentos que têm sido feitos por vários países do mundo, sobretudo a China, parecem mostrar que os países africanos começam a participar mais ativamente do processo de globalização.

Do ponto de vista político, os regimes democráticos, embora claudicantes, parecem estar vagarosamente se impondo. Alguns especialistas mais otimistas chegam a afirmar que a África está definitivamente renascendo.

Bibliografia

BALENCIE, Jean-Marc; LA GRANGE, Arnaude de (Org.). *Mondes rebelles*: guerres civiles et violences politiques. Paris: Michalon, 1999.

BONIFACE, Pascal (Org.). *Atlas des relations internationales.* Paris: Hatier, 1997.

____; VÉDRINE, Hubert. *Atlas des crises et des conflits.* Paris: Armand Colin/Fayard, 2009.

____. *Atlas do mundo global.* São Paulo: Estação Liberdade, 2009.

BOYD, Andrew. *An atlas of world affairs.* 10. ed. London: Routledge, 1998.

BRENER, Jayme. *Jornal do Século XX.* São Paulo: Moderna, 1998.

CANEPA, Beatriz; OLIC, Nelson Bacic. *Conflitos do mundo*: um panorama das guerras atuais. São Paulo: Moderna, 2009.

CHALIAND, Gerard. *A luta pela África.* Rio de Janeiro: Francisco Alves, 1983.

CHAUPRADE, Aymerie; THUAL, François. *Dictionnaire de Géopolitique (États, concepts, auteurs).* Paris: Ellipses, 1998.

COSTA, Wanderley M. da. *Geografia política e geopolítica.* São Paulo: Hucitec/Edusp, 1992.

DEMANT, Peter. *O mundo muçulmano.* São Paulo: Contexto, 2004.

DUBRESSON, Alain; RAISON, Jean-Pierre. *L'Afrique subsaharienne*: une géographie du changement. Paris: Armand Colin, 1998.

DUMORTIER, Brigitte. *Atlas des religions.* Paris: Autrement, 2002.

FERRO, Marc. *História das colonizações.* São Paulo: Companhia das Letras, 1996.

HAESBAERT, Rogério (Org.). *Globalização e fragmentação no mundo contemporâneo.* Niterói: EdUFF, 1998.

HUNTINGTON, Samuel P. *O choque das civilizações e a recomposição da ordem mundial.* Rio de Janeiro: Objetiva, 1997.

KHANNA, Parag. *O segundo mundo.* Rio de Janeiro: Intrínseca, 2008.

LA COSTE, Yves (Dir.). *Diccionnaire géopolitique des États.* Paris: Flammarion, 1995.

____. *Géopolitique*: la longue histoire d'aujourd'hui. Paris: Larousse, 2006.

LOPES, Marta Maria. *O apartheid.* São Paulo: Atual, 1990.

MAGNOLI, Demétrio. *África do Sul*: capitalismo e apartheid. São Paulo: Contexto, 1992.

____. *Relações internacionais*: teoria e história. São Paulo: Saraiva, 2004.

MARTIN, André Roberto. *Fronteiras e nações*. São Paulo: Contexto, 1992.

MARTINEZ, Gabi. *Sudd*. Rio de Janeiro: Rocco, 2010.

NANTET, Bernard. *Dictionnaire d'histoire et civilisations africaines*. Paris: Larousse, 1999.

OLIC, Nelson Bacic. *Conflitos do mundo*: um panorama das guerras atuais. São Paulo: Moderna, 2009.

____. *Retratos do mundo contemporâneo*. São Paulo: Moderna, 2008.

____. *Mundo contemporâneo*: geopolítica, meio ambiente e cultura. São Paulo: Moderna, 2010.

SELLIER, Jean. *Atlas des peuples d'Afrique*. Paris: La Découverte, 2003.

SMITH, Stephen. *Atlas de l'Afrique*. Paris: Autrement, 2005.

STORIG, Hans J. *A aventura das línguas*. São Paulo: Melhoramentos, 1990.

THUAL, François. *Géopolitiques au quotidien*. Paris: Dunod, 1993.

VESSELING, H. L. *Dividir para dominar*: a partilha da África (1890-1914). Rio de Janeiro: UFRJ/Revan, 1998.

ZAKARIA, Fareed. *O mundo pós-americano*. São Paulo: Companhia das Letras, 2008.

Periódicos e revistas

Almanaque Abril 2010. São Paulo: Abril.

Hérodote: revue de géographie et de géopolitique (n. 111, 4º trimestre, 2003) – Tragédies africaines. Paris: Éditions La Découverte.

L'Atlas du Le Monde Diplomatique, 2010.

Manière de Voir – publicação do *Le Monde Diplomatique* (vários volumes).

Mundo – Geografia e Política Internacional. São Paulo: Pangea (vários números).